高雄市 水產養殖傳染病防治

馬丞佑、王亮鈞 主編

徐榮彬 審閱

產官學合作‧專業鏈結
共創產業未來

　　水產品是優良蛋白質的來源之一，國內消費者對於漁產品需求日益增加，人工養殖水產品亦逐漸成為市場主力。高雄市身為全國海洋產業重鎮，養殖漁業面積約 3,911 公頃、年產量 29,816 公噸、產值近 30 億，佔全國第五位，養殖魚種以石斑魚、鱸魚、虱目魚、白蝦為大宗，其中鱸魚、虱目魚及石斑魚產量高居全國第二，可說是台灣重要的水產養殖基地。

　　受到全球氣候變遷衝擊，水產養殖業風險遽增，近年來市府積極推動養殖漁業天然災害保險制度，包括有「降水型」及「溫度型」2 項保險商品，並自 110 年度開始，市府籌編預算提高補助，讓養殖漁民的保費負擔由 1/3 下降至 1/4，透過保險來轉嫁損失，分散鉅額災損，保障養殖產業。

　　除了天然災害外，由於水產動物在高密度集約養殖過程，難免會發生疾病問題，一有不慎甚至造成重大經濟損失，因此，水產動物傳染病防治工作的重要性不言而喻。

　　我就任以來一直鼓勵跨界整合，積極導入產學資源協助市政推動，為市民朋友帶來更多便利。國立中山大學以優異的學術研究能量，結合本市動物保護處多年的臨床診療經驗，進行近年盛行的「聯名合作」，共同編撰《高雄市水產養殖傳染病防治》一書，盼協助養殖漁民克服養殖期間所遭遇到的各種疾病及管理問題，減少經濟耗損並增進養殖產能，讓水產養殖產業達到永續經營的願景。

　　爰於本書付梓之際，謹以為序。

高雄市 市長　陳其邁　謹識

2022.7

培育產業尖兵
中山當仁不讓

　　中山大學地處高雄西部海岸，坐擁西子灣獨特美景，比鄰生態資源豐富的柴山，依山傍水，水天相接，終年接受海洋精神的啟發與洗禮。本校堅守人本關懷的教育價值，追求學術卓越、促進社會流動為發展方向，培育社會菁英與領導人才。具備人才培育與學術研究的能量與競爭優勢，本校蔚然成為南臺灣學術重鎮，不僅躋身全國重點研究型大學，也立足國際知名一流大學行列。

　　中山大學以協助區域產業升級及提升產業發展動能為目標。為加深社會大眾對漁業的認知，輔導水產養殖業者正確的防疫觀念，成立漁業推廣委員會，期望加強漁業之教育、研究與推廣。漁推會亦重視漁業理論與技術的研究，協助各級漁業機關推廣漁業，協助漁民解決養殖技術及疾病防治上的困難。未來將納入課程持續培養、訓練潛在水產人才，創建社會最大福祉。

　　本書之出版，除精確記錄高雄市整體養殖發展及疾病概況，扼要地分析、比較，除供作本校擬訂新興教學及研究計畫之參採外，並盼為未來有興趣之養殖人才提供深具可讀性與應用性的相關資訊，實難能可貴，值得嘉勉。亦祈教育先進，不吝指正。

國立中山大學 校長　鄭英耀　謹識

2022.7

跨界整合典範
創造產業榮景

　　高雄市擁有優良的漁業環境，而水產養殖除了為市民朋友們提供優質蛋白質來源外，也創造出可觀的產值，平均每年可達 30 億新台幣。有鑑於此，高雄市政府農業局動物保護處長期致力於本市水產動物疾病防治工作，透過永安區、林園區及鳳山區的市府水產動物疾病檢驗站，由專業獸醫師為養殖戶提供疾病檢驗及擬定防疫對策。

　　由於跨界整合資源已成為當代趨勢，動保處從長期輔導養殖戶的經驗，累積出防範水產動物疾病的心法，而國立中山大學漁業推廣委員會則擁有優異的研究資源，大家基於共同理念編撰《高雄市水產養殖傳染病防治》一書。本書的出版不僅可作為本市養殖漁民的「武功秘笈」，也希望對外推廣，讓學校、相關產業與一般民眾也都能認識相關知識，讓水產養殖永續經營。爰於本書付梓之際，謹以為序。

高雄市政府農業局 局長　　謹識

2022.7

官學攜手合作
強化產業硬實力

　　國立中山大學作為高雄在地研究型大學，是南臺灣頂尖大學之一。本校海洋科學學院與所屬「漁業推廣及海洋教育委員會」，在創造卓越學術價值同時，亦協助高雄市在地漁民朋友或產銷班，提升水產養殖產量及水生動物疾病之預防。近年因全球暖化，導致水生動物病原更加活躍。因此，漁推會與高雄市政府農業局動物保護處，共同編撰《高雄市水產養殖傳染病防治》一書，希望能一起協助轄內水產養殖業者正確疾病防疫觀念，提升高雄水產養殖品質及產業發展競爭力。此書的出版，除了給養殖朋友參考外，亦能夠與本校未來課程結合，在基礎水生動物疾病教育上達到雙贏，啟發莘莘學子的熱忱且願意投入養殖產業，共同創建社會及經濟的最大福祉。

國立中山大學漁業推廣委員會 主任委員　洪慶章 謹識

2022.7

心法承傳
永續發展

　　高雄市為全臺水產養殖重鎮，尤其以石斑魚、金目鱸、虱目魚、吳郭魚及白蝦為大宗，平均年產值達 30 億新台幣，占全台 10%。為強化及宣導本市水產養殖業者疾病防治正確觀念及方式，減少經濟耗損並增進養殖產能，今成功整合動保處長期輔導漁民防範水產動物疾病累積的心法，與中山大學漁推會優異的疾病研究資源，共同編撰《高雄市水產養殖傳染病防治》，戮力為養殖漁民提供更多幫助。相信此書的出版，除能帶給養殖戶實質幫助外，也能啟發莘莘學子們對水產養殖的熱忱，讓更多年輕人投入產業行列。

高雄市政府農業局動物保護處 處長 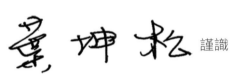 謹識

2022.7

官與學的合作

這是一本官學合作所誕生的書。

一開始，大家在不同領域盡自己本份，動保處水產獸醫師替轄內罹病魚隻診療，中山大學教授將研究知識傳授給學生。原本不會有交集的平行線，在緣分導引下，微妙的拓展雙方視野，原來我們可以做的更多，來回饋高雄這塊土地。

本書的誕生，除了彙整動保處水產獸醫師長期累積的疾病防治心法，更透過中山大學的教學及漁業推廣資源，有機會將原本屬於小眾的知識領域，傳達給更多莘莘學子及市民朋友分享，讓大家深入認識高雄這塊土地，是如何產出優質的魚類，以及生產背後需克服多少困難，才有餐桌上美味的佳肴。

成書過程很榮幸受到許多產官學界前輩們幫助，大家無私分享寶貴經驗，讓本書臻於完善，特收錄致謝欄以表謝忱。

王竞鈞　馬世佑

陳立軒　黃安婷

邱于哲　陳奮宇

目錄

目 錄

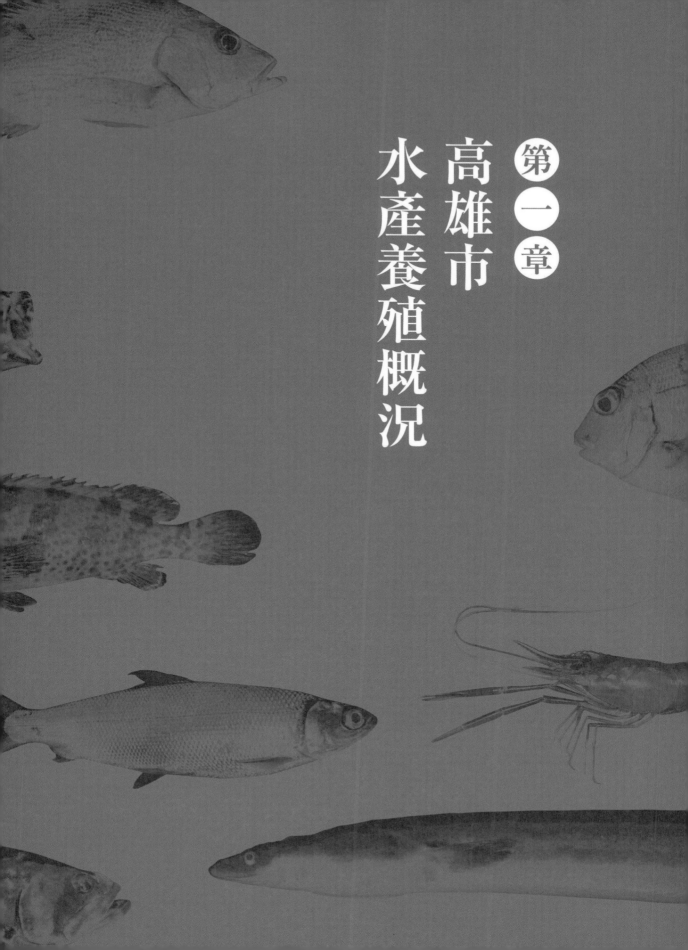

第一章 高雄市水產養殖概況

歷史

高雄市水產養殖起源甚早，於清朝光緒二十年（1894年）編修之《鳳山縣采訪冊》中記載著：「傍海圍築，水半鹹半淡、蓄魚於中、歲收其利者為塭」、「甕水為埭曰塭，俗作塭，蓋傍海圍築以畜魚者也」，具體描述先輩已採用魚塭養殖模式。此外，該書也記載：「按內地無魚塭，惟臺始有之，臺有魚鹽之利甲於天下，而塭居其半」，充分說明魚塭養殖從古至今皆為台灣重要的水產養殖模式。

高雄市
水產養殖
行政區域圖

那瑪夏區
甲仙區
六龜區
桃源區
杉林區
內門區
茂林區
美濃區
旗山區
田寮區
茄萣區
湖內區
阿蓮區
路竹區
永安區
岡山區
彌陀區
燕巢區
梓官區
橋頭區
大社區
楠梓區
大樹區
仁武區
左營區
鼓山區
鳥松區
前金區
鹽埕區
三民區
新興區
苓雅區
鳳山區
前鎮區
大寮區
旗津區
小港區
林園區

養殖面積
大　　　　小

地區

高雄市擁有優良的漁業環境，創造出可觀的漁業產值。在水產養殖部分，歷年平均年產量可達3萬公噸，平均年產值可達新臺幣30億元，各行政區域養殖魚塭面積排序為永安區、湖內區、彌陀區、路竹區、茄萣區、阿蓮區、美濃區、岡山區、林園區、橋頭區、大寮、梓官區、燕巢區及旗山區，其中永安區、湖內區、彌陀區、路竹區及茄萣區之加總即佔了高雄市八成以上的養殖面積。

養殖魚種

高雄市各地區依水域屬性飼養不同魚種。採用海水養殖的常見魚種為石斑魚及鯛類等；採用半淡鹹水養殖的常見魚種為虱目魚、尖吻鱸、吳郭魚、四指馬鮁、黃臘鰺、鯔魚、鰻魚、南美白對蝦、草對蝦及淡水長臂大蝦等。

虱目魚

虱目魚（*Chanos chanos*）俗稱「牛奶魚」（milk fish）或「國姓魚」，因肉質富含不飽和脂肪酸、維生素及高蛋白質等特性，且市場價格親民，是廣受歡迎的庶民小吃料理魚種。

養殖時間（高雄為例）

高雄以深水式（水深 2 公尺以上）養殖為主，春天時放養 2 台寸魚苗，約 4 至 6 個月後可收成。淡水養殖生長速度較海水快，如過冬養殖收成時間會更長。

上市重量

5 台寸魚苗可做為鮪魚或旗魚釣餌。1.5 至 2 台斤規格取魚肚，1 至 1.3 台斤以全魚販售為主。

石斑魚

石斑魚為石斑魚亞科（Epinephelinae）魚類的泛稱，因肉質具高蛋白、高鈣磷鉀及低脂肪等特性，為華人文化圈中上等食用魚。高雄市養殖石斑魚的種類主要有三種，分別為俗稱「青斑」或「土斑」的點帶石斑（*Epinephelus coioides*）、俗稱「龍膽石斑」的鞍帶石斑（*Epinephelus lanceolatus*）及俗稱「珍珠斑」的龍虎石斑（*Epinephelus fuscoguttatus* ♀ x *Epinephelus lanceolatus* ♂, hybrid grouper）。其中龍虎石斑為馬來西亞沙巴大學團隊於 2008 年由俗稱「老虎斑」的雌性棕點石斑（*Epinephelus fuscoguttatus*）及雄性龍膽石斑雜交所發表的新品種，體型類似點帶石斑，最大特色為體表散佈五至六道深褐色條，宛如老虎的虎斑。在生長性能方面，其生長速度較一般點帶石斑快上 1.5 倍，能有效降低養殖成本，且肉質鮮美，市場接受度高，為近年來受歡迎的養殖魚種。

點帶石斑

養殖時間
放養 2 至 3 台寸魚苗，約 1 年可收成（10 至 14 個月）。

上市重量
以 1 至 1.5 台斤為主。

鞍帶石斑

養殖時間

放養 2 至 3 台寸魚苗，約 3 至 4 年可收成。

上市重量

以 30 至 50 台斤為主。

龍虎石斑

養殖時間

放養 2 至 3 台寸魚苗，約 1 年可收成（8 至 13 個月）。

上市重量

以 1 至 1.5 台斤為主。

尖吻鱸

尖吻鱸（*Lates calcarifer*）俗稱「金目鱸」，因肉質細嫩、富含膠原蛋白，在台灣坊間常被視為手術後食補魚類之一，其增進傷口復原功效也經科學證實，為國人重要的魚類蛋白質來源。目前尖吻鱸魚苗可分為泰國進口魚苗及台灣本土魚苗，由於泰國品種育成速率優於台灣品種，目前高雄市以養殖泰國品種尖吻鱸較為普及。

養殖時間

放養 2 台寸魚苗，約 6 至 8 個月可收成 1 至 1.5 台斤魚，如飼養 2 年左右魚體可達 5 台斤。

上市重量

全魚以 1 至 1.5 台斤為主，如需加工成魚片、魚排則需約 3 至 5 台斤以上的魚體。

尖吻鱸
臟器圖

泳鰾

鰓絲

包覆消化道的脂肪組織

肝臟

肌肉組織

脾臟

將肝臟移開，可見細長深褐色的脾臟。

淡水長臂大蝦

淡水長臂大蝦（*Marcobranchium rosenbergii*）俗稱「泰國蝦」或「羅氏沼蝦」，原產於東南亞等熱帶國家，於 1970 年代引進台灣。由於食性雜、生長快速及體型較大等特色，遂成為坊間普及放養蝦種。

養殖時間
放養雉蝦苗，約 5 至 6 個月即可依體型需求間歇捕撈上市。

上市重量
以每台斤 15 至 30 尾的規格上市。

南美白對蝦

南美白對蝦（*Litopenaeus vannamei*）俗稱「白蝦」，於 1985 年至中美洲引進台灣並建立起養殖技術，直至 1990 年代中期開始受到產業界重視，由於白蝦的抗病性及環境耐受性優於草蝦，於 2001 年產量正式超越草蝦，成為台灣主要養殖蝦種。

養殖時間　放養紅筋苗，約飼養 3 至 6 個月，淡水養殖生長速度較海水快。

上市重量　最小上市規格以每台斤 40 至 60 尾為主，其他還有每台斤 20 尾及每台斤 30 尾等規格。

草對蝦

草對蝦（*Penaeus monodon*）俗稱「草蝦」，台灣於 1970 年代建立起成熟養殖技術，並於 1980 年代達到產量高峰，透過外銷為台灣贏得「草蝦王國」美譽。但於 1980 年代末期至 1990 年代初期台灣爆發大規模蝦類病毒性疾病，導致草對蝦產業逐漸沒落。

養殖時間　與魚隻進行混養的型態居多，平均飼養 4 至 6 個月。
上市重量　以每台斤 10 至 20 尾的規格上市。

鯔魚

鯔魚（*Mugil cephalus*）俗稱「烏魚」或「信魚」，其肉質肥美且魚卵及魚白飽滿，可製成膾炙人口的「烏魚子」、「烏魚鰾」及「烏魚殼」料理。台灣於 1970 年代建立起成熟養殖技術，並於 1980 年代由魚塭養殖模式成功量產烏魚子。

養殖時間
放養 1 台寸魚苗，約 2 年可收成烏魚子，3 年烏魚子品質更佳。

上市重量
以取烏魚子為目的，從 2 台兩至 10 台兩以上的烏魚子都有。

日本鰻

日本鰻（*Anguilla japonica*）俗稱「白鰻」，其背部呈現深灰褐色、腹部呈現白色，體表濕潤可行呼吸作用。目前的養殖方式以海邊所捕獲的鰻苗，再販售給養殖場進行育成。日本鰻因口感細緻柔滑且魚刺細小，適合多種烹煮方式，為非常受歡迎的料理魚種。

養殖時間　放養捕撈來的鰻線，約 12 至 18 個月可收成。

上市重量　以每公斤 3 尾、4 尾及 5 尾（俗稱 3P、4P、5P）為出口日本的規格，其餘規格亦可內銷。

四指馬鮁

四指馬鮁（*Eleutheronema tetradactylum*）俗稱「午仔魚」，因胸鰭下方具有四根絲狀鰭條而得名「四指」。該魚肉質細緻、富含油脂且少刺，為近年來受歡迎的養殖魚種。

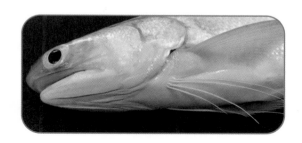

▲ 四指馬鮁的絲狀鰭條

養殖時間

放養 6 至 7 台分魚苗，約 7 至 12 個月可收成。

上市重量

以 8 台兩為主，其他還有 4 台兩以上做販售的規格。

黃臘鰺

黃臘鰺俗稱「紅衫」或「金鯧」，可分為短鰭黃臘鰺（*Trachinotus falcatus*）及長鰭黃臘鰺（*Trachinotus blochii*）。由於短鰭育成速率優於長鰭，目前高雄市以養殖短鰭黃臘鰺較為普及。

養殖時間
放養 1 台寸魚苗，約 6 至 9 個月可收成。

上市重量
以 8 至 13 台兩為主，也可見 1 台斤規格。

吳郭魚

台灣最早的吳郭魚為莫三比克吳郭魚（*Oreochromis mossambica*），由吳振輝先生及郭啟彰先生於 1946 年從新加坡引進。經政府多年來引進新品種及雜交改良，如今在育成速率、抗病性及環境耐受性已有顯著提升，加上市場價格親民，讓養殖吳郭魚已成為國人重要魚類蛋白質來源。目前市場上將吳郭魚簡易區分為海水與淡水吳郭魚，其中海水吳郭魚雖然育成速率不及淡水吳郭魚，但肉質較扎實且市場價格較高。

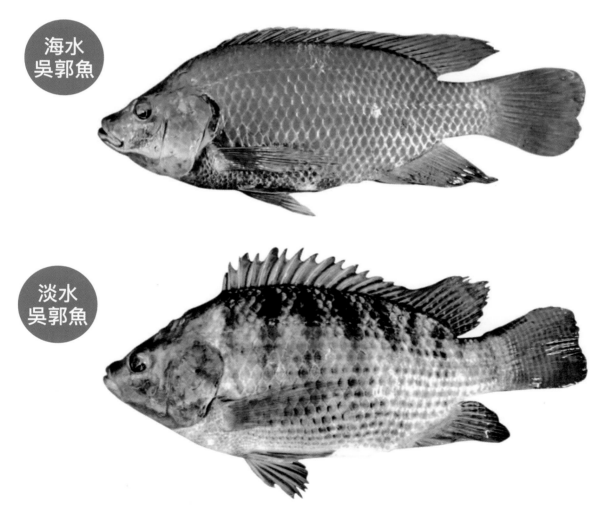

海水
吳郭魚

淡水
吳郭魚

養殖時間　放養 5 至 6 台分魚苗，約 7 至 9 個月可收成。　**上市重量**　以 1 台斤為主。

鯛類

鯛類養殖在高雄市常見俗稱「枋頭」的黃錫鯛（*Rhabdosargus sarba*）、俗稱「紅魚」或「紅雞仔」的赤鰭笛鯛（*Lutjanus erythropterus*）及俗稱「紅槽」的銀紋笛鯛（*Lutjanus argentimaculatus*）。上述魚隻體型雖小，但因肉質細緻鮮美，常於宴席料理場合使用。

黃錫鯛

養殖時間　放養 1 台寸魚苗，約 12 至 18 個月即可間歇捕撈上市。
上市重量　約 10 台兩以上。

赤鰭笛鯛

養殖時間　放養 1 至 2 台寸魚苗，約 12 至 15 個月可收成。

上市重量　以 1 台斤為主。

銀紋笛鯛

養殖時間　放養 1 台寸魚苗，約 18 至 24 個月即可間歇捕撈上市。

上市重量　以 1 台斤為主。

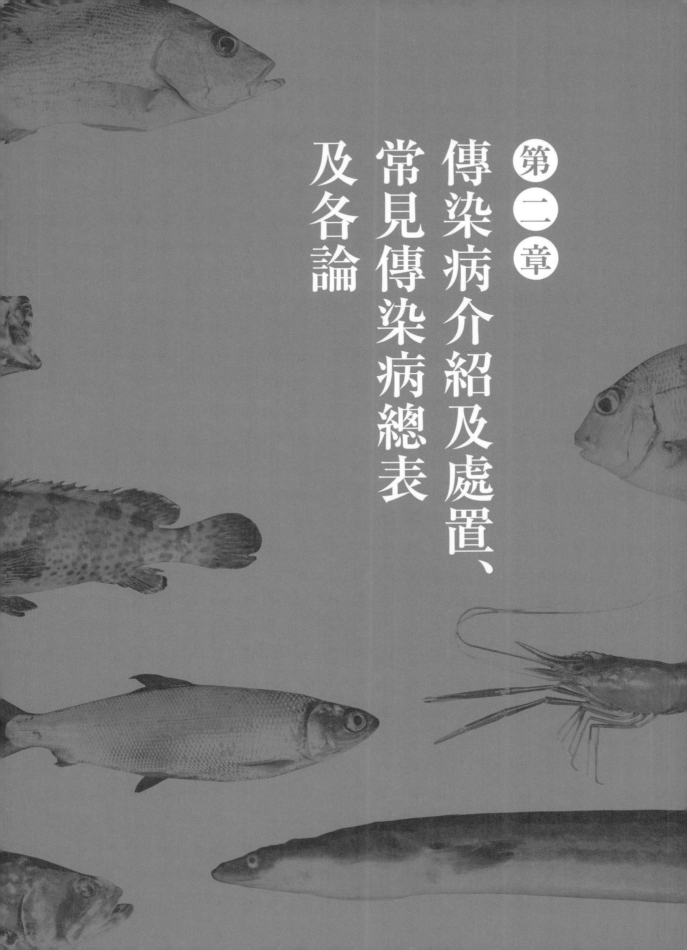

第二章

傳染病介紹及處置、常見傳染病總表及各論

2-1 傳染病介紹及處置

傳染病是甚麼

傳染病是指可透過傳播而使生物受感染的疾病，此類疾病是由病原體如病毒、細菌、真菌（黴菌）及寄生蟲所導致。病原體可在生物體內增殖或產生毒素，對正常細胞組織與功能造成破壞，嚴重時可導致生物死亡。

傳染病如何傳播

傳染病的傳播需要有感染鏈（chain of infection）的存在。感染鏈的構成主要有：病原體、傳染窩（reservoir）、傳播途徑及感受性宿主。以水產動物傳染病為例，當病原體於傳染窩如罹病魚隻體內增殖釋放後，透過特定的傳播途徑如魚隻互相

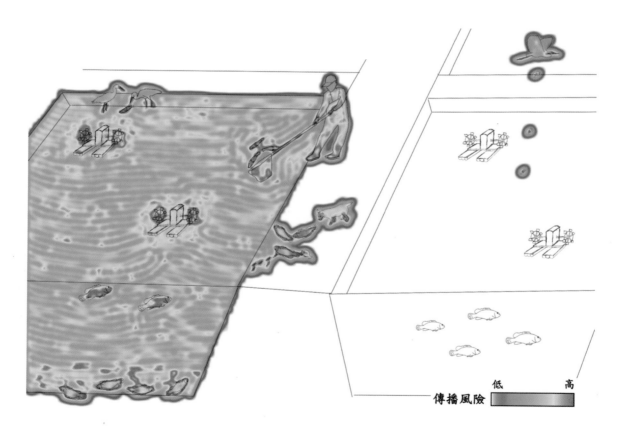

低　　　　　高
傳播風險

▲ 上圖為水產動物傳染病常見傳播媒介，越接近紅色區域傳播風險越高，如病死魚、養殖場出沒生物（如鳥類、哺乳動物及節肢動物等）、裝備器具及水車葉片濺起的水花等。

接觸、與汙染器具接觸、藉由動物性病媒（vector）傳播等方式，可感染對該病原體具感受性的魚隻。

如何防治傳染病

藉由阻斷感染鏈，便能有效預防及控制傳染病。如改善飼養環境、增進魚群抵抗力、確實做好器具消毒工作及生物防治等，其具體作為可參閱本書第三章「水產養殖病害防治要點」。

傳染病的藥物治療

罹患傳染病的魚隻可投予藥物治療，其藥物種類及使用方法需遵守「動物用藥品管理法」第 32 條所訂定之「動物用藥品使用準則」第三條：「水產動物用藥品之品目、使用對象、用途、用法、用量、停藥期及使用上應注意事項等，應符合附件一水產動物用藥品使用規範規定」，並在獸醫師輔導下進行治療。

傳染病的病程與處置時機

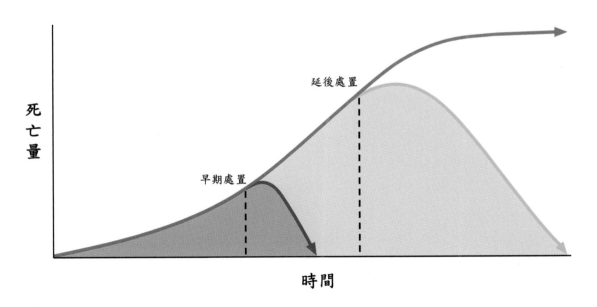

▲ 傳染病發生時，如能在病程初期正確診斷、精準治療，則魚隻死亡數量（綠色區域）與延後處置相比（綠色＋黃色區域）將大為降低，也能有效減少用藥成本。

治療無效的原因

1. 與藥物相關

    未能選擇有效藥物、未能給予足夠藥物劑量、藥物適口性不佳、未能妥善保存藥物或過期、藥物併用產生拮抗、未達療程便提早停藥、使用品質不佳之偽藥、劣藥及禁藥等。

2. 與疾病相關

    未能正確診斷疾病、繼發其他疾病感染、未能於病程早期治療。

3. 其他因素

    宿主免疫力低落、飼養環境未改善。

2-2 常見傳染病總表

高雄市水產養殖物種常見傳染病總表

物種	病毒			細菌							寄生蟲					
	虹彩病毒	神經壞死病毒	白點症病毒	弧菌	鏈球菌	乳酸球菌	發光桿菌	奴卡氏菌	產氣單胞菌	愛德華氏菌	車輪蟲	指環蟲	卵圓鞭毛蟲	海水白點蟲	魚蝨	魚蛭
虱目魚				V					V							
石斑魚	V	V		V	V		V	V	V		V	V	V	V	V	V
尖吻鱸（金目鱸）	V			V	V		V	V	V		V	V				V
吳郭魚				V	V				V							
蝦類			V	V												
四指馬鮁（午仔魚）				V	V		V				V		V			
黃臘鰺（紅衫、金鯧）				V	V						V		V		V	
日本鰻				V					V	V	V					
鯔魚（烏魚）				V	V	V		V								
鯛類				V	V		V	V			V		V		V	

2-3 傳染病各論

虹彩病毒感染症
Iridovirus Infection

病原

虹彩病毒感染症為虹彩病毒科（Iridoviridae）分類之下一系列的雙股DNA病毒感染動物所造成的疾病。依現行病毒分類體系可區分為五個屬，分別為氯虹彩病毒屬（Chloriridovirus）、虹彩病毒屬（Iridovirus）、淋巴囊腫屬（Lymphocystivirus）、巨大細胞屬（Megalocytivirus）及蛙病毒屬（Ranavirus），其中淋巴囊腫屬、巨大細胞屬及蛙病毒屬分類下的虹彩病毒，皆有感染魚類的病例報告。在高雄市常因巨大細胞屬虹彩病毒造成金目鱸及石斑魚養殖過程嚴重危害，由於魚隻免疫細胞受病毒感染時體積增加變性為大細胞（enlarged cells），並藉由血行轉移至全身，當大細胞移行到鰓絲時可造成次級鰓薄板微血管阻塞，導致魚隻血氧交換受阻死亡。

好發時節

高雄市養殖戶常於農曆年後開工放養二至三寸魚苗，期間為了育成容易投餌過量，導致水質惡化及魚隻緊迫。隨著時節進入四月後逢春夏交替，氣溫日益升高，養殖環境有利於病毒活化，病例數開始增加，至七月後才逐漸下降。

臨床症狀

魚隻可見攝餌量下降、浮頭呼吸、群聚於水車周圍或打氣幫浦旁、於養殖池岸邊浮游及死亡。

肉眼病變

病魚體色變深、鰓絲蒼白、眼睛充出血，肝臟、脾臟及腎臟腫大或充出血。

▲ 病魚脾臟腫大

▲ 病魚眼睛充出血

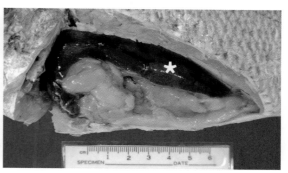

▲ 病魚肝臟充出血（*）

組織病理學檢查

病魚鰓絲次級鰓薄板微血管內、肝臟、脾臟及腎臟可發現形狀大小不等之嗜酸性（eosinophilic）或嗜鹼性（basophilic）大細胞。另可見臟器多發局部性壞死病灶及充出血。

實驗室檢查

剪取病魚鰓絲組織使用光學顯微鏡檢查，可於次級鰓薄板微血管內發現形狀大小不等之大細胞。可使用針對虹彩病毒特定序列設計之引子對進行聚合酶鏈鎖反應（polymerase chain reaction, PCR），後將 PCR 產物純化進行基因定序。

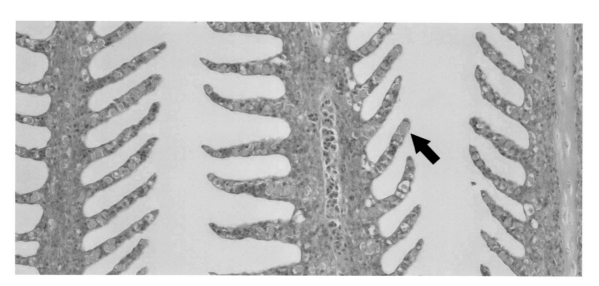

▲ 組織病理學檢查於鰓絲內可見嗜酸性大細胞（H&E 染色，100 倍）

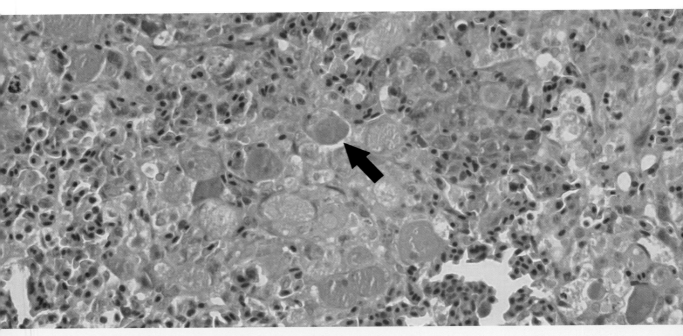

▲ 組織病理學檢查於脾臟可見嗜鹼性大細胞 （H&E 染色，200 倍）

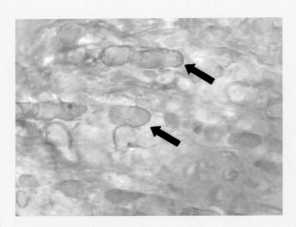

▲ 鰓絲濕壓片可見血管內大細胞 （1,000 倍）

處置

本病尚無特效藥，因此需加強飼養管理作為。為有效減少魚隻死亡數量，應避免投予任何刺激性藥物，增加曝氣管或水車數量以提升養殖池均氧狀態、降低投餌量或停止投餌及撈除病死魚。

神經壞死病毒感染症
Nervous Necrosis Virus Infection

病原

神經壞死病毒為正向單股 RNA 病毒，屬於野田病毒科（Nodaviridae）、β 野田病毒屬（*Betanodavirus*），本屬病毒可依外鞘蛋白（coat protein）之差異區分為條斑星鰈神經壞死病毒（barfin flounder nervous necrosis virus）、赤點石斑神經壞死病毒（red–spotted grouper nervous necrosis virus）、條紋鰺神經壞死病毒（striped jack nervous necrosis virus）及虎河豚神經壞死病毒（tiger puffer nervous necrosis virus）。目前高雄市分離到的神經壞死病毒主要為赤點石斑神經壞死病毒，可造成魚隻神經系統受損，導致泳姿異常及大量死亡。

好發時節

神經壞死病毒感染症於高雄市一年四季皆可見病例，並好發於石斑魚魚苗養殖階段。

▲ 病魚頭部朝上浮游於水面

▲ 病魚腹部朝上浮游於水面

臨床症狀

可見魚隻攝餌量下降，泳姿異常如迴旋、自旋、腹部或頭部朝上浮游及死亡。

肉眼病變

病魚體色變深及脾臟腫大。

組織病理學檢查

於腦、脊髓及視網膜等神經組織可見多發局部性至局部廣泛性之空泡化壞死病灶。

實驗室檢查

可使用針對神經壞死病毒特定序列設計之引子對進行 PCR，後將 PCR 產物純化進行基因定序。

▲ 病魚脾臟腫大

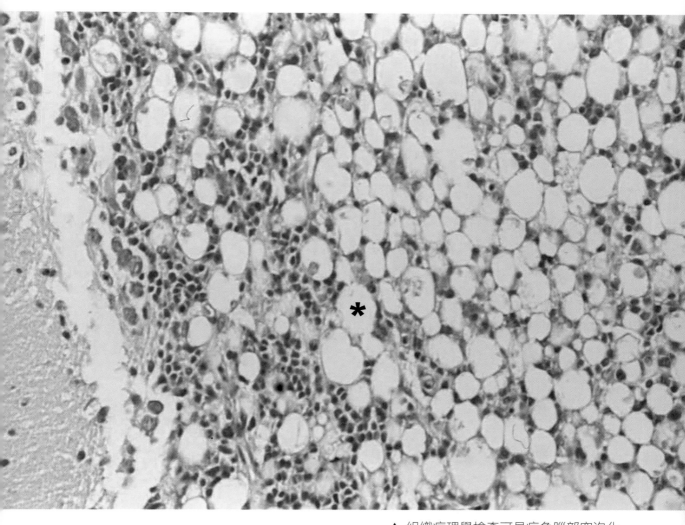

▲ 組織病理學檢查可見病魚腦部空泡化
病灶（*）（H&E 染色，100 倍）

處置

本病尚無特效藥，因此需加強飼養管理作
為。為有效減少魚隻死亡數量，應避免投
予任何刺激性藥物，增加曝氣管或水車數
量以提升養殖池均氧狀態、降低投餌量或
停止投餌及撈除病死魚。

蝦白點症病毒感染
White Spot Syndrome Virus Infection

病原

白點症病毒為雙股 DNA 病毒，屬於線頭病毒科（Nimaviridae）、白點病病毒屬（*Whispovirus*），該病毒以所有十足目甲殼類生物為宿主，發病時可造成外殼鈣鹽沉積異常導致散發性白色斑點病灶。由於本病具有高傳播性且不易根除，對全世界的養蝦產業造成嚴重危害。

好發時節

白點症病毒在高雄市一年四季皆可見病例。當環境變動幅度較大，如水質不良、氣候轉變、日夜溫差、物理性或化學性刺激存在時，蝦隻容易因緊迫導致發病。

臨床症狀

可見蝦隻攝餌量下降、游動遲緩、於水面或養殖池岸邊浮游及死亡。

肉眼病變

感染初期可見病蝦呈現全身紅色樣外觀，後期於外殼可見散發性白色斑點病灶。

◀ 病蝦感染初期呈現紅色外觀

▶ 病蝦感染後期可見頭胸甲
呈現散發性白點病灶

組織病理學檢查

於鰓、體表、消化道之上皮細胞、造血及神經組織等處，可見壞死病灶及嗜鹼性核內包涵體（basophilic intranuclear inclusion bodies）。

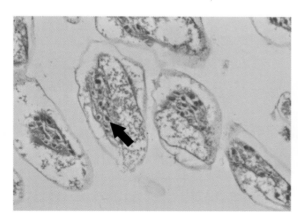

▲ 組織病理學檢查於病蝦鰓絲上皮細胞內可見
嗜鹼性核內包涵體（H&E 染色，100 倍）

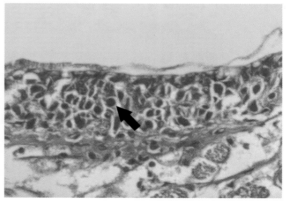

▲ 組織病理學檢查於病蝦頭胸甲上皮細胞內可
見嗜鹼性核內包涵體（H&E 染色，200 倍）

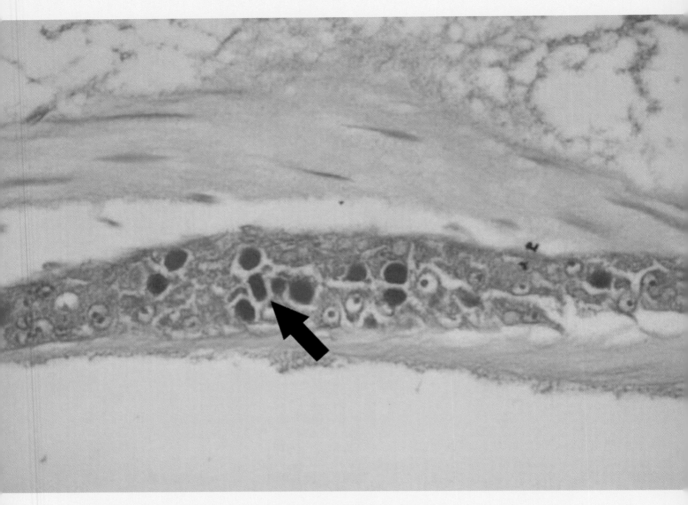

▲ 組織病理學檢查於病蝦泳足上皮細胞內可見嗜鹼性核內包涵體（H&E 染色，200 倍）

實驗室檢查

可使用針對白點症病毒特定序列設計之引子對進行 PCR，後將 PCR 產物純化進行基因定序。

處置

本病尚無特效藥，因此需加強飼養管理作為。可引進未帶有病原的蝦苗及種蝦，如養殖池發生疫情，則須徹底清除罹病蝦隻、消毒養殖池及器具。養殖期間人員進出及機械性攜帶病原之媒介動物皆需控管。

弧菌感染症
Vibriosis

病原

弧菌為型態呈現彎曲桿狀、革蘭氏陰性及具有兼性厭氧（facultative anaerobic）等性質之細菌，屬於弧菌目（Vibrionales）、弧菌科（Vibrionaceae）及弧菌屬（*Vibrio*），廣泛存在於海水及半鹽水的環境中，可於健康水生動物的體表分離到。特定型別的弧菌對水生動物較具致病性，於高雄市常分離出的致病型別為哈維氏弧菌（*Vibrio harveyi*）及創傷弧菌（*Vibrio vulnificus*）。

好發時節

弧菌感染症在高雄市一年四季皆可見病例。當環境變動幅度較大，如水質不良、過度投餌、氣候轉變、日夜溫差、物理性或化學性刺激及進行場內換池作業時，養殖物種容易因緊迫或外傷導致發病。

臨床症狀

魚隻或蝦隻攝餌量下降、於養殖池岸邊浮游及死亡。

肉眼病變

病魚可見角膜混濁、鰭部潮紅、皮膚局部性潮紅或潰瘍、肌肉出血，肝臟、脾臟及腎臟腫大或充出血，有時臟器表面可見纖維素性滲出物（fibrinous exudate）。另於病蝦腹節肌肉外觀呈現白濁樣。

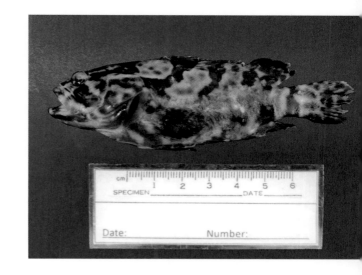

▶ 病魚可見皮膚局部性潰瘍

▲ 病蝦腹節肌肉呈現白濁樣（右上圖為呈現半透明的正常腹節肌肉，可透出背景顏色）

組織病理學檢查

於肌肉、臟器及泳鰾等處可見多發局部性至局部擴散性壞死及充出血病灶，有時於臟器組織間隙內可見細菌團塊。

實驗室檢查

以無菌操作方式自病魚病灶處或臟器剪一小塊組織，將其塗抹於乾淨載玻片上，經染色後使用光學顯微鏡高倍率鏡檢，可於組織間隙或吞噬細胞內觀察到型態呈現彎曲桿狀的菌體。該菌之培養可使用 TCBS 培養基（Thiosulfate–citrate–bile salts–sucrose agar, TCBS agar）進行細菌分離，另可使用針對弧菌特定序列設計之引子對進行 PCR，或是增幅細菌 16S 核醣體 RNA（16S ribosomal RNA, 16S rRNA）之基因後進行定序確認。

處置

可將分離到的弧菌執行藥物敏感性試驗，篩選效果佳之抗生素進行治療。抗生素使用上須遵守「水產動物用藥品使用規範」對於該魚種的準則，且魚隻狀況及停藥期都要監測，並由獸醫師進行輔導。

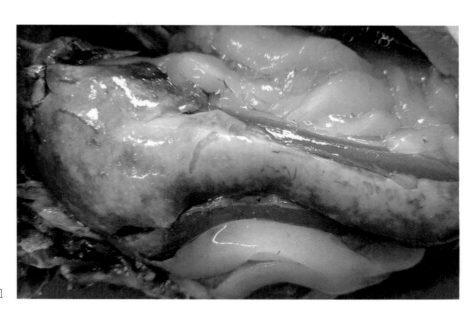

▶ 病魚肝臟充出血

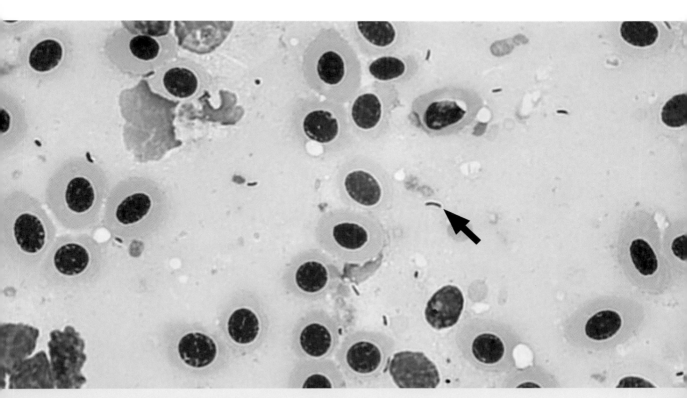

▲ 臟器抹片於組織間隙可見型態呈現彎曲桿狀菌體（劉氏染色，1,000 倍）

一 鏈球菌感染症 / 乳酸球菌感染症 一
Streptococcosis / Lactococcosis

病原

鏈球菌為型態呈現橢圓形、革蘭氏陽性及具有兼性厭氧等性質之細菌，屬於乳酸桿菌目（Lactobacillales）、鏈球菌科（Streptococcaceae）及鏈球菌屬（*Streptococcus*），由於在進行細胞分裂時沿著單一軸心做增殖，可呈現長鏈狀外觀，故命名為鏈球菌。於高雄市常分離出的致病型別為無乳鏈球菌（*Streptococcus agalactiae*）及瓶鼻海豚鏈球菌（*Streptococcus iniae*）。

乳酸球菌屬於乳酸桿菌目（Lactobacillales）、鏈球菌科（Streptococcaceae）及乳酸球菌屬（*Lactococcus*），由於型態與生化特性類似鏈球菌，使得早期感染魚隻病例常被診斷為鏈球菌感染症，直至 1990 年代才被重新分類。於高雄市常分離出的致病型別為格氏乳酸球菌（*Lactococcus garvieae*），並好發於烏魚。

好發時節

鏈球菌及乳酸球菌感染症於高水溫易發病，在高雄市六月病例數開始上升，於八、九月達到高峰，直至十月後平均水溫下降，病例數也逐漸減少。

臨床症狀

魚隻攝餌量下降、泳姿異常如迴旋或自旋、於養殖池岸邊浮游及死亡。

肉眼病變

病魚可見角膜混濁、眼球突出、體色變深、口腔與鰭部及泄殖腔周圍潮紅、皮膚局部性潮紅或潰瘍、泳鰾與肌肉可見出血斑、體腔可見澄清或紅褐色積液，肝臟、脾臟及腎臟腫大或充出血，有時臟器表面可見纖維素性滲出物。

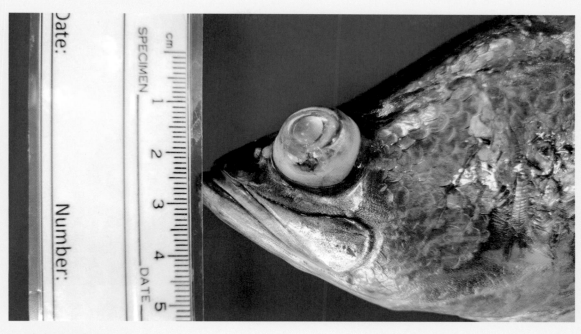

▲ 病魚眼球突出

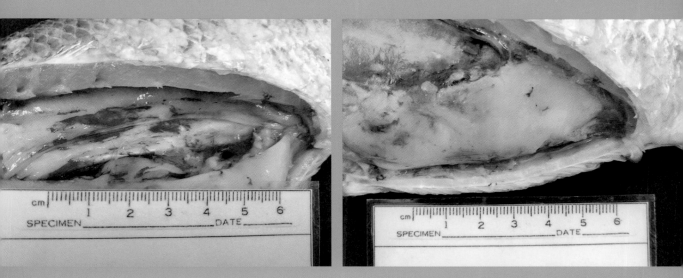

▲ 病魚可見泳鰾充出血　　　　　　▲ 病魚可見臟器覆有纖維素性滲出物

▲ 烏魚感染乳酸球菌可見臟器充出血（綠色箭頭）及纖維素性滲出物（黃色箭頭）

組織病理學檢查

於腦部、肌肉、臟器及泳鰾等處可見多發局部性至局部擴散性壞死及充出血病灶，並於組織間隙內可發現細菌團塊。

實驗室檢查

以無菌操作方式自病魚病灶處或臟器剪一小塊組織，將其塗抹於乾淨載玻片上，經染色後使用光學顯微鏡高倍率鏡檢，可於組織間隙或吞噬細胞內觀察到型態呈現鏈條狀排列的球菌菌體。另可使用針對鏈球菌及乳酸球菌特定序列設計之引子對進行PCR，或是增幅細菌 16S rRNA 之基因後進行定序確認。

處置

可將分離到的鏈球菌及乳酸球菌執行藥物敏感性試驗，篩選效果佳之抗生素進行治療。抗生素使用上須遵守「水產動物用藥品使用規範」對於該魚種的準則，且魚隻狀況及停藥期都要監測，並由獸醫師進行輔導。

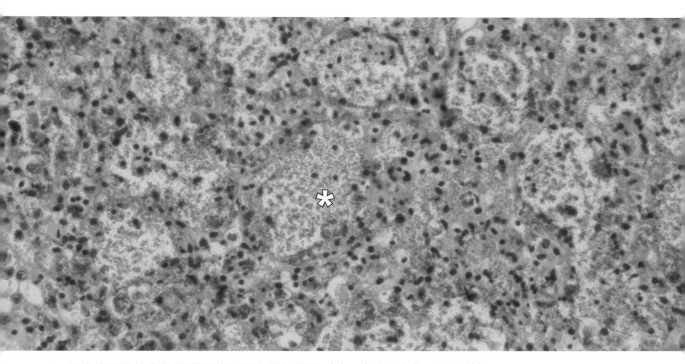

▲ 組織病理學檢查於肝臟間隙可見大量細菌團（＊）（H&E 染色，200 倍）

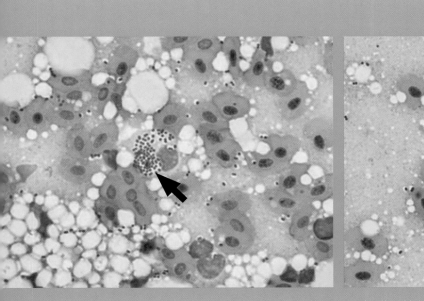

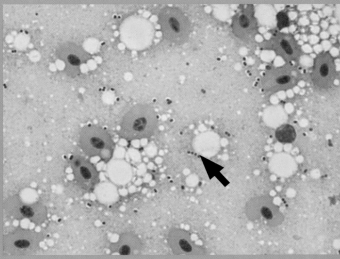

▲ 臟器抹片於組織間隙及吞噬細胞內可見型態 呈現球狀的菌體（劉氏染色，1,000 倍）

▲ 組臟器抹片於組織間隙可見到型態呈現鏈條 狀排列的球狀菌體（劉氏染色，1,000 倍）

發光桿菌感染症
Photobacteriosis

病原

發光桿菌為型態呈現雙極濃染之桿狀、革蘭氏陰性及具有兼性厭氧等性質之細菌，廣泛存在於海水及海洋生物的體表上，屬於弧菌目（Vibrionales）、弧菌科（Vibrionaceae）及發光桿菌屬（*Photobacterium*）。於高雄市常分離出的致病型別為美人魚發光桿菌殺魚亞種（*Photobacterium damselae* subsp. *piscicida*），由於病魚臟器常呈現結節樣病灶，故又稱為假性結核病（pseudotuberculosis）。

好發時節

發光桿菌感染症在高雄市一年四季皆可見病例。當環境變動幅度較大，如水質不良、過度投餌、氣候轉變、日夜溫差、物理性或化學性刺激及進行場內魚隻換池作業時，魚隻容易因緊迫導致發病。

臨床症狀

魚隻攝餌量下降、於養殖池岸邊浮游及死亡。

肉眼病變

病魚可見眼球突出、腹部腫大、皮膚局部性潮紅或潰瘍，鰓絲、肝臟、脾臟及腎臟表面可見多發局部性至瀰漫性的米黃色結節樣病灶。

▲ 病魚鰓絲可見瀰漫性白點樣病灶

▲ 病魚腎臟及脾臟可見瀰漫性米黃色結節樣病灶

組織病理學檢查

於鰓絲、肝臟、脾臟及腎臟常見多發局部性至瀰漫性的肉芽腫病灶。在病灶處可見正常組織結構消失，肉芽腫中心處由大量壞死細胞碎屑及纖維素性滲出物等物質所組成，於肉芽腫外圍有大量炎症細胞浸潤。

實驗室檢查

以無菌操作方式自病魚病灶處或臟器剪一小塊組織，將其塗抹於乾淨載玻片上，經染色後使用光學顯微鏡高倍率鏡檢，可於組織間隙或吞噬細胞內觀察到型態呈現雙極濃染的桿狀菌體。另可使用針對發光桿菌特定序列設計之引子對進行 PCR，或是增幅細菌 16S rRNA 之基因後進行定序確認。

▼ 組織病理學檢查於肝臟可見肉芽腫病灶（H&E 染色，200 倍）

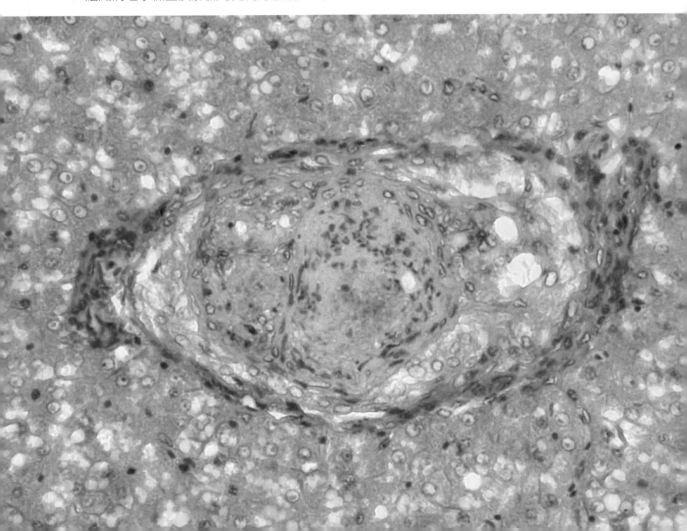

處置

將分離到的發光桿菌執行藥物敏感性試驗，篩選效果佳之抗生素進行治療。抗生素使用上須遵守「水產動物用藥品使用規範」對於該魚種的準則，且魚隻狀況及停藥期都要監測，並由獸醫師進行輔導。

▼ 臟器抹片可見型態呈現雙極濃染的桿狀菌體（劉氏染色，1,000 倍）

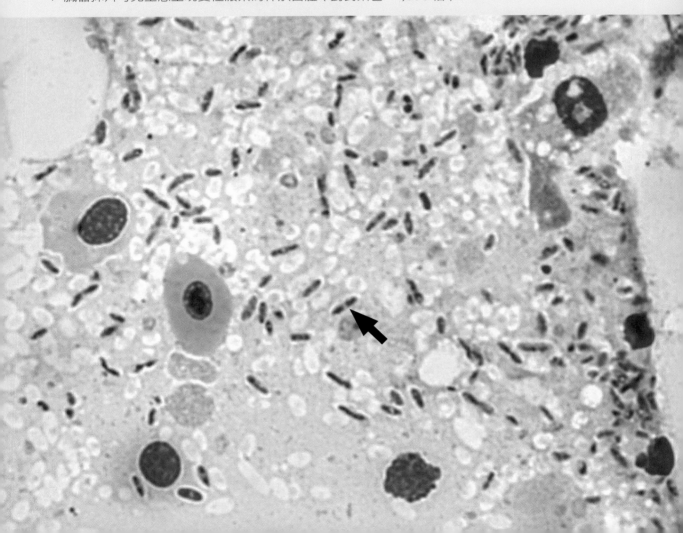

奴卡氏菌感染症
Nocardiosis

病原

奴卡氏菌為型態呈現細長絲狀樣、革蘭氏陽性及具有專性需氧（obligate aerobic）等性質之細菌，屬於棒狀桿菌目（Corynebacteriales）、奴卡氏菌科（Nocardiaceae）及奴卡氏菌屬（Nocardia），廣泛存在於海水、淡水及土壤之中，其細胞壁組成含有分枝酸（mycotic acids）成分，故於抗酸染色 (acid–fast stain) 下呈現陽性反應。在台灣，魚類奴卡氏菌感染症主要由星狀奴卡氏菌（Nocardia asteroides）及鰤魚屬奴卡氏菌（Nocardia seriolae）感染所造成，於高雄市常分離出的致病型別為鰤魚屬奴卡氏菌。由於該菌與發光桿菌感染症皆可造成病魚臟器結節樣病灶，因此兩者在臨床上需做鑑別診斷。

▲ 病魚可見消瘦及體表潰瘍

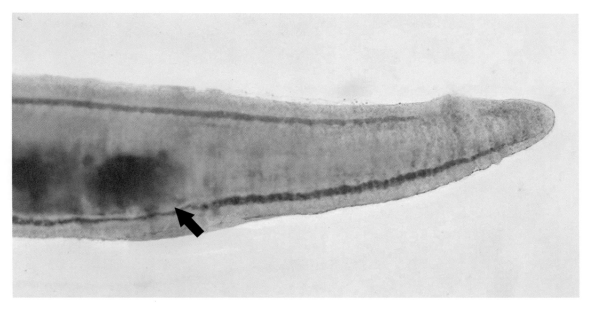

▲ 病魚鰓絲濕壓片可見結節樣病灶（40 倍）

好發時節

奴卡氏菌感染症在高雄市一年四季皆可見病例。當環境變動幅度較大，如水質不良、過度投餌、氣候轉變、日夜溫差、物理性或化學性刺激及進行場內魚隻換池作業時，魚隻容易因緊迫導致發病。

臨床症狀

魚隻攝餌量下降、有時可見極度消瘦或脊柱突出、於養殖池岸邊浮游及死亡。

肉眼病變

病魚可見角膜混濁、眼球突出、皮膚局部性潮紅或潰瘍，有時傷口呈現黃白色化膿樣病灶。鰓絲、肝臟、脾臟及腎臟表面呈現多發局部性至瀰漫性米黃色壞死結節，與發光桿菌感染症相似，兩者需做鑑別診斷。

▶ 病魚脾臟可見瀰漫性米黃色結節樣病灶

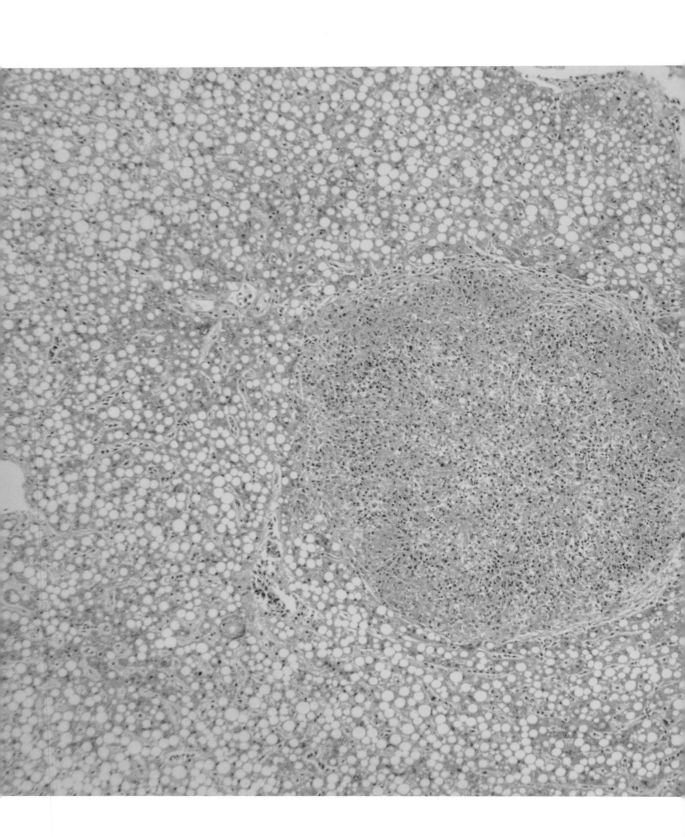

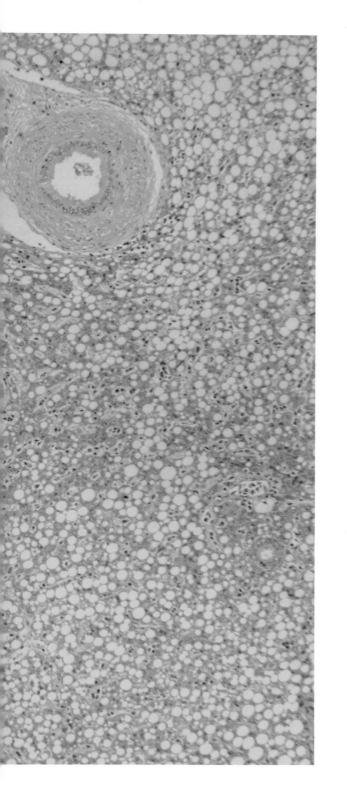

組織病理學檢查

於鰓絲、肝臟、脾臟及腎臟常見多發局部性至瀰漫性的肉芽腫病灶。在病灶處可見正常組織結構消失，肉芽腫中心處由大量壞死細胞碎屑及纖維素性滲出物等物質所組成，於肉芽腫外圍有大量炎症細胞浸潤。

實驗室檢查

以無菌操作方式自病魚病灶處或臟器剪一小塊組織，將其塗抹於乾淨載玻片上，經抗酸染色後使用光學顯微鏡高倍率鏡檢，可於組織間隙觀察到型態呈現細長絲狀樣的抗酸染色陽性菌。該菌之培養可使用 L–J 培養基（Löwenstein–Jensen agar, L–J agar），並置於 28°C 培養箱內，約 3 至 5 天可見培養基表面生長出米黃色突出菌落，後續可使用針對奴卡氏菌特定序列設計之引子對進行 PCR，或是增幅細菌 16S rRNA 之基因後進行定序確認。

◀ 組織病理學檢查於肝臟可見肉芽腫病灶（H&E 染色，100 倍）

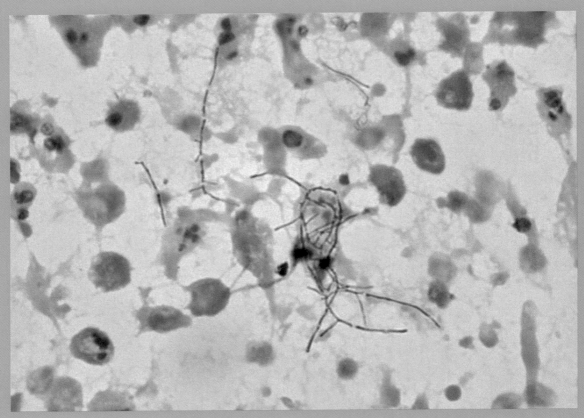

▲ 臟器抹片於抗酸染色下可見紫紅色細長絲狀樣菌體（1,000 倍）

處置

本病可將分離到的奴卡氏菌執行藥物敏感性試驗，篩選效果佳之抗生素進行治療，並遵守「水產動物用藥品使用規範」對於該魚種的準則。由於本病屬於慢性感染，不易治癒，在防疫上著重於預防。建議養殖戶平日需注意水質及溶氧狀況，避免超量放養及過量投餌，如發現魚隻異常千萬別病急亂投藥，應盡速將病魚帶至水產動物防疫機關做詳細檢查，早期發現對症治療。

產氣單胞菌感染症
Aeromonasiosis

病原

產氣單胞菌為型態呈現鈍圓桿狀、革蘭氏陰性及兼性厭氧等性質之細菌，屬於產氣單胞菌目（Aeromonadales）、產氣單胞菌科（Aeromonadaceae）及產氣單胞菌屬（*Aeromonas*），廣泛存在於海水、淡水、土壤及魚隻體內。於高雄市常分離出的致病型別為親水性產氣單胞菌（*Aeromonas hydrophila*），此外豚鼠產氣單胞菌（*Aeromonas caviae*）及溫和產氣單胞菌（*Aeromonas sobria*）有時也可被分離到。

好發時節

產氣單胞菌感染症在高雄市一年四季皆可見病例。當環境變動幅度較大，如水質不良、過度投餌、氣候轉變、日夜溫差、物理性或化學性刺激及進行場內魚隻換池作業時，魚隻容易因緊迫導致發病。

臨床症狀

魚隻攝餌量下降、於養殖池岸邊浮游及死亡，有時可見水面漂浮魚隻白色排泄物。

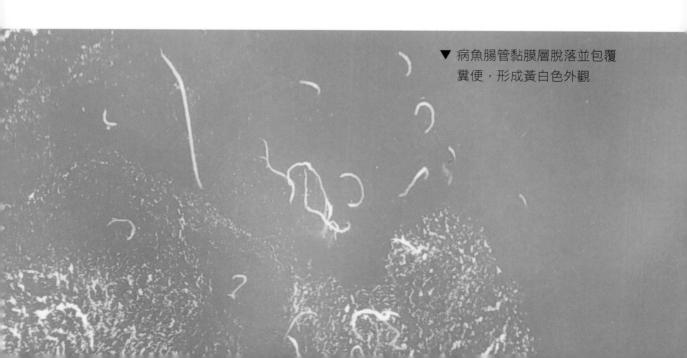

▼ 病魚腸管黏膜層脫落並包覆糞便，形成黃白色外觀

肉眼病變

病魚可見鰭部及泄殖腔周圍潮紅、皮膚及肌肉呈現多發局部性出血點，肝臟、脾臟及腎臟腫大或充出血、腸管潮紅腫脹。

▲ 病魚脾臟腫大

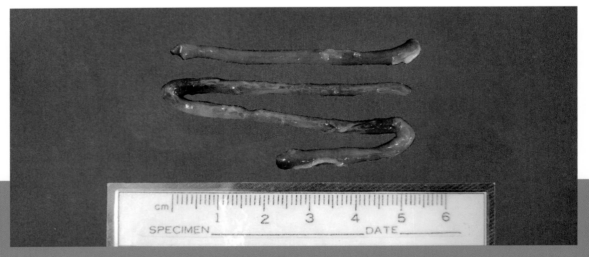

▲ 病魚腸管潮紅腫脹

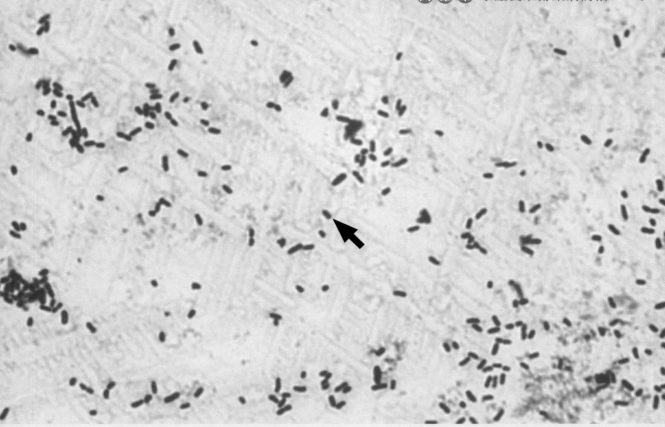

▲ 臟器抹片可見型態呈現鈍圓桿狀菌體（劉氏染色，1,000 倍）

組織病理學檢查

於肌肉、臟器、腸管及泳鰾等處可見多發局部性至局部擴散性壞死及充出血病灶，有時於臟器組織間隙內可見細菌團塊。

實驗室檢查

以無菌操作方式自病魚病灶處或臟器剪一小塊組織，將其塗抹於乾淨載玻片上，經染色後使用光學顯微鏡高倍率鏡檢，可於組織間隙或吞噬細胞內觀察到型態呈現鈍圓桿狀菌體。另可使用針對產氣單胞菌特定序列設計之引子對進行 PCR，或是增幅細菌 16S rRNA 之基因後進行定序確認。

處置

可將分離到的產氣單胞菌執行藥物敏感性試驗，篩選效果佳之抗生素進行治療。抗生素使用上須遵守「水產動物用藥品使用規範」對於該魚種的準則，且魚隻狀況及停藥期都要監測，並由獸醫師進行輔導。

愛德華氏菌感染症
Edwardsiellosis

病原

愛德華氏菌為型態呈現鈍圓短桿狀、革蘭氏陰性及兼性厭氧等性質之細菌，屬於腸桿菌目（Enterobacterales）、哈夫尼亞菌科（Hafniaceae）及愛德華氏菌屬（Edwardsiella），廣泛存在於淡水、土壤及魚隻腸道內。於高雄市常分離出的致病型別為遲緩愛德華氏菌（Edwardsiella tarda），並好發於鰻魚。由於鰻魚感染後其肝臟及腎臟可見腫大、充出血，並可見化膿性滲出物（purulent exudate），故稱為鰻魚肝腎病。

好發時節

愛德華氏菌感染症在高雄市一年四季皆可見病例。當環境變動幅度較大，如水質不良、過度投餌、氣候轉變、日夜溫差、物理性或化學性刺激及進行場內魚隻換池作業時，魚隻容易因緊迫導致發病。

臨床症狀

魚隻攝餌量下降、於養殖池岸邊浮游及死亡。

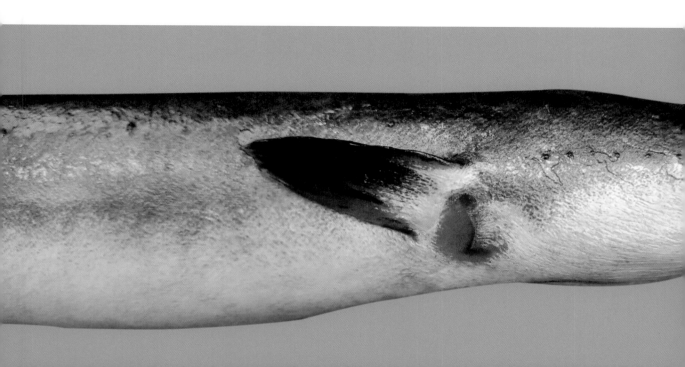

▼ 病魚可見鰓蓋周圍及體表潮紅（2）

▼ 病魚可見鰓蓋周圍及體表潮紅（1）

肉眼病變

病魚可見鰭部及泄殖腔周圍潮紅、皮膚及肌肉呈現多發局部性出血點，肝臟、脾臟及腎臟腫大或充出血，並可見化膿性滲出物。

組織病理學檢查

於肌肉、臟器、腸管及泳鰾等處可見多發局部性至局部擴散性壞死及充出血病灶，伴隨炎症細胞浸潤，有時於臟器組織間隙內可見細菌團塊。

實驗室檢查

以無菌操作方式自病魚病灶處或臟器剪一小塊組織，將其塗抹於乾淨載玻片上，經染色後使用光學顯微鏡高倍率鏡檢，可於組織間隙或吞噬細胞內觀察到型態呈現鈍圓短桿狀菌體。另可使用針對愛德華氏菌特定序列設計之引子對進行 PCR，或是增幅細菌 16S rRNA 之基因後進行定序確認。

▼ 病魚可見瀉殖腔及腹鰭潮紅

▼ 病魚可見肝臟腫大及充出血，並可見化膿性滲出物

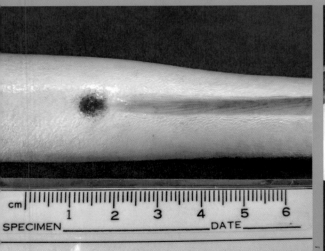

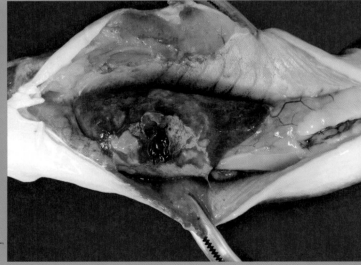

處置

可將分離到的愛德華氏菌執行藥物敏感性試驗，篩選效果佳之抗生素進行治療。抗生素使用上須遵守「水產動物用藥品使用規範」對於該魚種的準則，且魚隻狀況及停藥期都要監測，並由獸醫師進行輔導。

由於該菌為魚隻腸道常在菌種，建議養殖戶依魚隻體重之攝食比例給予適當投餌量，並於氣候轉變時減少投餌量或停止投餌，避免過度餵食導致緊迫而發病。

▼ 臟器抹片於組織間隙可觀察到型態呈現鈍圓短桿狀菌體（劉氏染色，1,000 倍）

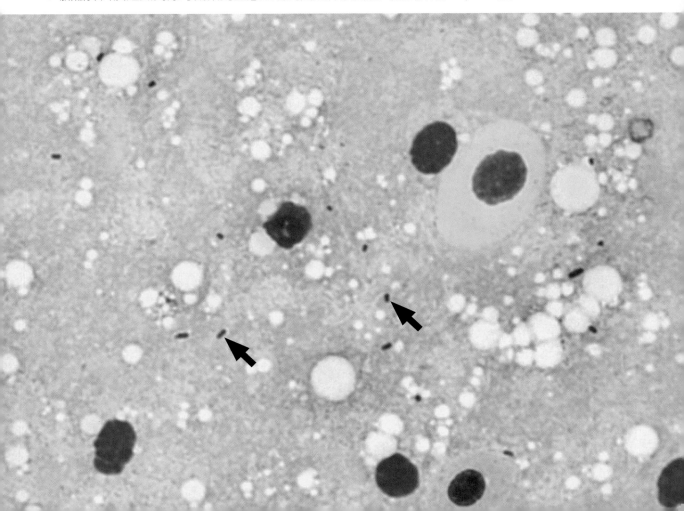

車輪蟲感染症
Trichodinosis

病原

車輪蟲感染症為車輪蟲科（Trichodinidae）分類之下一系列的寄生蟲感染水生動物所造成的疾病。該寄生蟲屬於纖毛蟲門（Ciliophora）、寡膜綱（Oligohymenophorea）、緣毛亞綱（Peritrichia）、游泳目（Mobilida）、車輪蟲科，本科下轄各屬之蟲體型態皆類似車輪，輔以周圍鞭毛擺動可在水中移動，主要寄生在魚隻鰓部及體表。該蟲使用二分裂法及接合生殖進行繁殖，食物來源為水中有機物質或水生生物的上皮細胞碎屑。車輪蟲在健康魚體可能少量存在，並無不良影響，但當蟲體大量寄生可使魚隻鰓絲受損導致滲透壓調節失衡、繼發性細菌感染或是血氧交換受阻致死。

▼ 魚苗嚴重感染病例可見頭吻部潮紅潰瘍

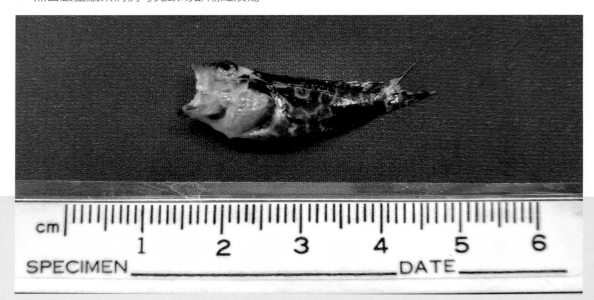

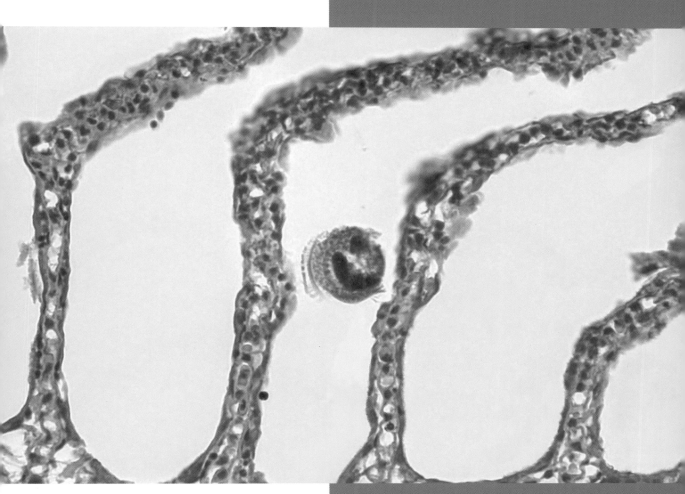

▲ 組織病理學檢查於鰓絲可見車輪蟲，另鰓
　絲上皮細胞可見增生、腫脹、出血及壞死
　（H&E 染色，200 倍）

好發時節

車輪蟲感染症於高雄市一年四季皆可見病
例。本病的發生與水質密切相關，當養殖
池中有機物質含量上升時，便容易大量繁
殖導致魚隻發病。

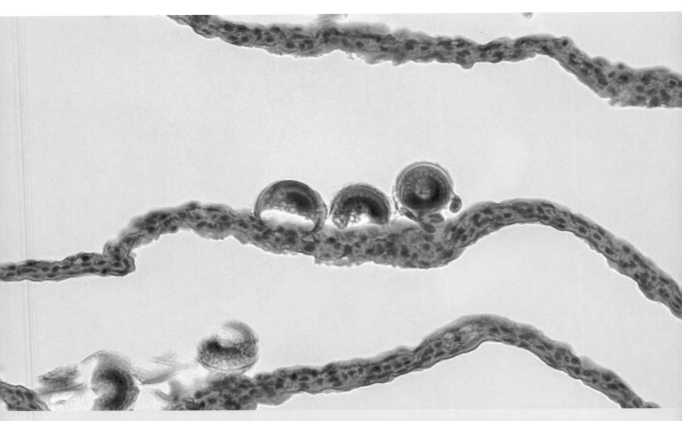

▲ 組織病理學檢查於鰓絲可見車輪蟲，另鰓絲上皮細胞可見增生、腫脹、出血及壞死（H&E 染色，200 倍）

臨床症狀

魚隻可見攝餌量下降、浮頭呼吸、群聚於水車周圍或打氣幫浦旁、於養殖池岸邊浮游及摩擦體表。

肉眼病變

病魚鰓絲及體表黏液增生，有時可見體表潮紅或潰瘍。

組織病理學檢查

於鰓絲可見型態呈現車輪狀之蟲體，其附著處周圍的鰓絲上皮細胞可見增生、腫脹、出血及壞死。

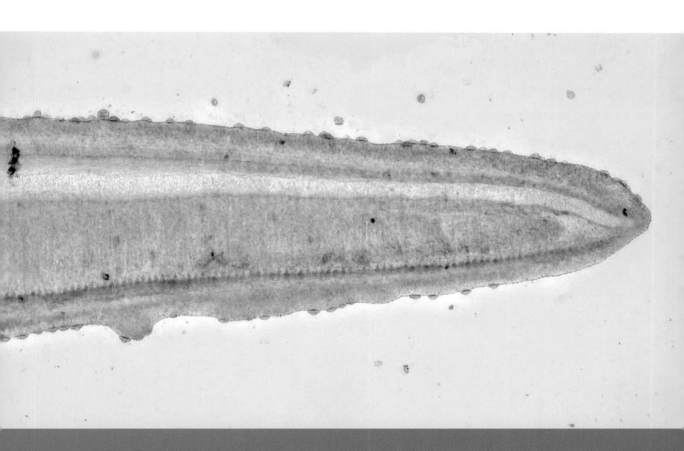

▲ 鰓絲濕壓片可見黏液增生
　及附著車輪蟲（40 倍）

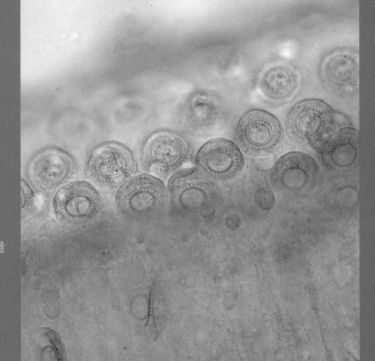

▶ 鰓絲濕壓片可見大量
　車輪蟲（400 倍）

實驗室檢查

剪取病魚鰓絲組織並刮取體表黏液後用光學顯微鏡低倍率檢查，可見鰓絲邊緣附著大量型態呈現車輪樣之寄生蟲，且蟲體可見行自旋（spinning）運動。

處置

建議養殖戶依「水產動物用藥品使用規範」使用合法之殺蟲劑進行藥浴，並遵守對於該魚種的準則，且魚隻狀況及停藥期都要監測，需由獸醫師輔導使用。由於本病的發生與水質密切相關，養殖戶宜每日監測水質狀況，勿讓水中累積過多有機物質，避免車輪蟲大量孳生。

▲ 光學顯微鏡鏡檢下的車輪蟲（1,000 倍）

指環蟲感染症
Dactylogyriasis

病原

指環蟲感染症為指環蟲屬（*Dactylogyrus*）分類之下一系列的寄生蟲感染水生動物的疾病。該寄生蟲屬於扁形動物門（Platyhelminthes）、單殖綱（Monogenea）、單後吸盤亞綱（Monopisthocotylea）、指環蟲目（Dactylogyridea）、指環蟲科（Dactylogyridae）及指環蟲屬，主要寄生在魚隻鰓部。其蟲體扁平細長，有 4 個眼點，雌雄同體，卵生，在尾端具有鈎錨結構可附著在鰓絲上。當蟲體大量寄生時可使魚隻鰓絲受損導致滲透壓調節失衡、繼發性細菌感染或是血氧交換受阻致死。

▼ 組織病理學檢查可見指環蟲附著於鰓絲（H&E 染色，100 倍）

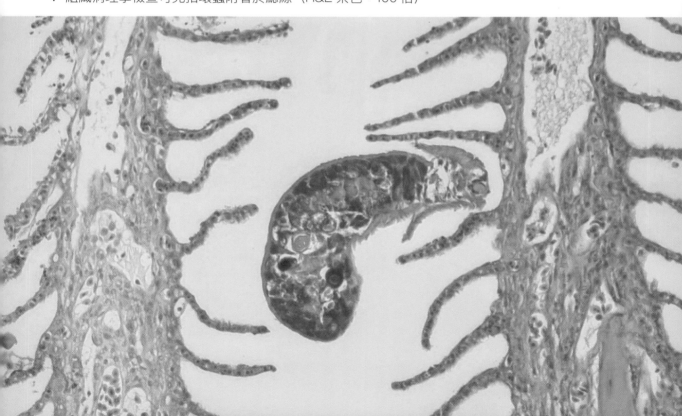

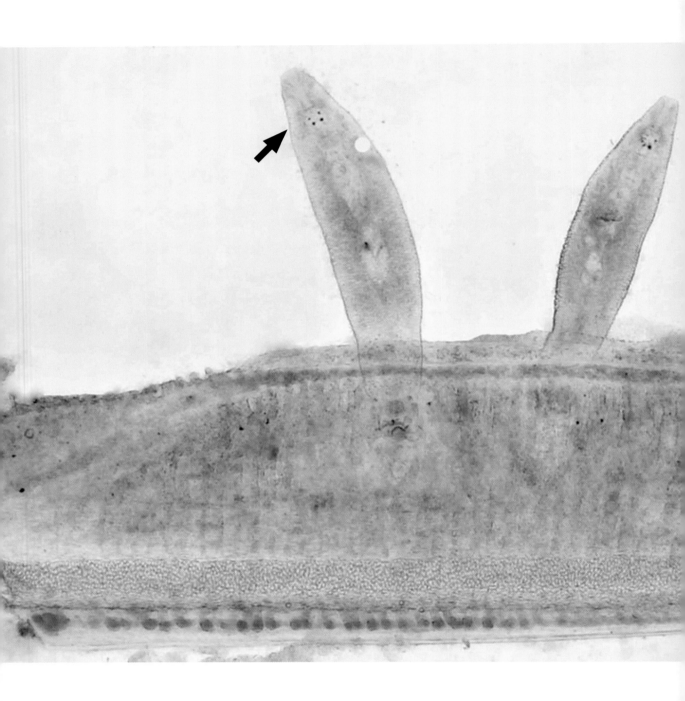

▲ 鰓絲濕壓片可見長條狀具有
4 顆眼點的指環蟲（40 倍）

好發時節

指環蟲感染症於高雄市在五月時節進入夏季後病例數開始增加，直至十月後平均水溫下降，病例數也逐漸減少。

臨床症狀

魚隻可見攝餌量下降、浮頭呼吸、群聚於水車周圍或打氣幫浦旁、於養殖池岸邊浮游。

肉眼病變

病魚鰓絲黏液增生。

組織病理學檢查

於鰓絲可見型態呈現長條狀之蟲體，其附著處周圍的鰓絲上皮細胞可見增生、腫脹、出血及壞死。

實驗室檢查

剪取病魚鰓絲組織並刮取體表黏液後用光學顯微鏡低倍率檢查，可見半透明會伸縮、蠕動的長條狀蟲體附著於鰓絲上。

處置

建議養殖戶依「水產動物用藥品使用規範」使用合法之殺蟲劑進行藥浴，並遵守對於該魚種的準則，且魚隻狀況及停藥期都要監測，需由獸醫師輔導使用。

卵圓鞭毛蟲感染症
Amyloodiniosis

病原

卵圓鞭毛蟲（*Amyloodinium ocellatum*）屬於雙鞭毛蟲門（Dinoflagellata）、橫裂甲藻綱（Dinophyceae）、囊溝藻目（Blastodiniales）、卵旋蟲科（Oodiniaceae）及鞭毛蟲屬（*Amyloodinium*），主要寄生在魚隻鰓部及體表。該蟲生活史分為三種外觀型態，具有一對鞭毛的感染性浮游孢子（dinospores）在水中找到魚隻宿主後，可將鞭毛轉變成假根（rhizoid）附著於魚隻鰓絲或體表上吸取養分，成為卵圓形的營養體（trophonts），待成熟後從魚體脫落形成孢囊體（tomonts），並可分裂成256隻浮游孢子釋放到環境中重複其生活史。由於該蟲增殖速度驚人，在嚴重感染病例可造成魚隻鰓絲充出血、結構破壞及黏液增生，導致魚隻滲透壓調節失衡、繼發性細菌感染或是血氧交換受阻致死。

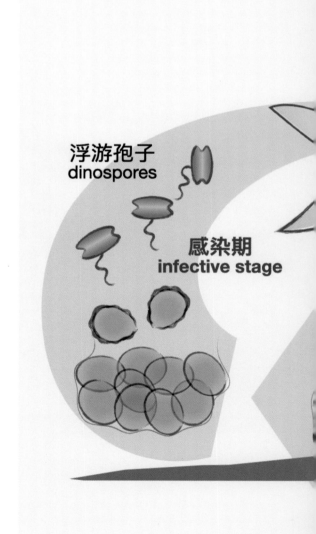

浮游孢子
dinospores

感染期
infective stage

▶ 卵圓鞭毛蟲生活史

好發時節

卵圓鞭毛蟲感染症於高雄市一年四季皆可見病例。

臨床症狀

魚隻可見攝餌量下降、浮頭呼吸、群聚於水車周圍或打氣幫浦旁、於養殖池岸邊浮游及磨擦體表。

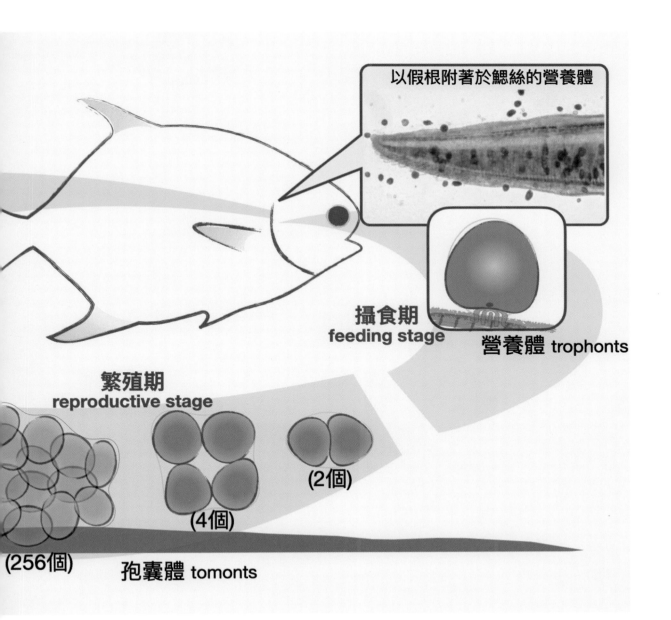

以假根附著於鰓絲的營養體

攝食期
feeding stage

營養體 trophonts

繁殖期
reproductive stage

(2個)

(4個)

(256個)

孢囊體 tomonts

肉眼病變

病魚鰓絲潮紅、體表黏液增生。

組織病理學檢查

於鰓絲可見型態呈現卵圓形之蟲體，其附著處周圍的鰓絲上皮細胞可見增生、腫脹、出血及壞死。由於卵圓鞭毛蟲體內具有醣類物質，因此於 PAS 染色（periodic acid–Schiff stain, PAS stain）下呈現紫紅色陽性反應。

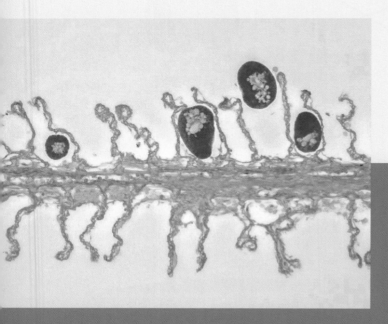

▲ 組織病理學檢查使用 PAS 染色可見蟲體呈現紫紅色陽性反應（100 倍）

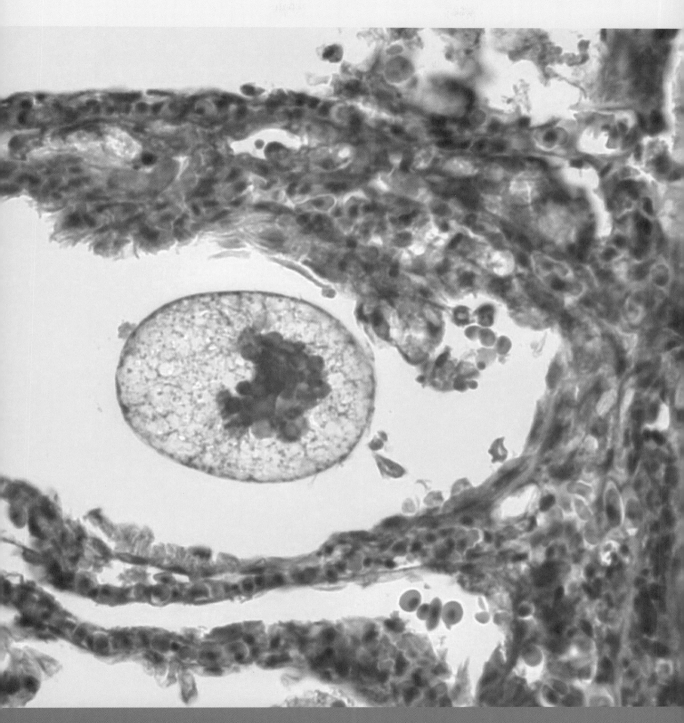

▲ 組織病理學檢查可見蟲體，另可見鰓絲上皮細胞增生、腫脹、出血及壞死（H&E 染色，200 倍）

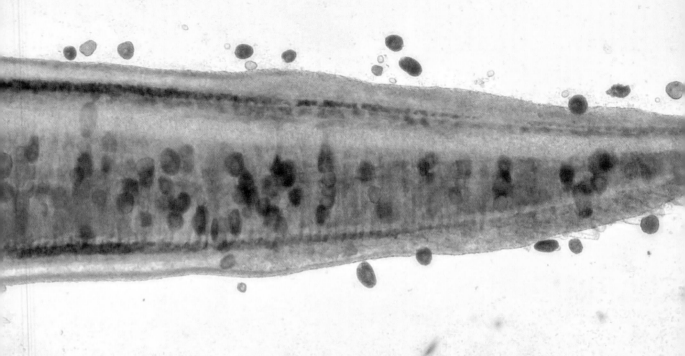

▲ 鰓絲濕壓片可見大量卵圓鞭毛蟲 （40 倍）

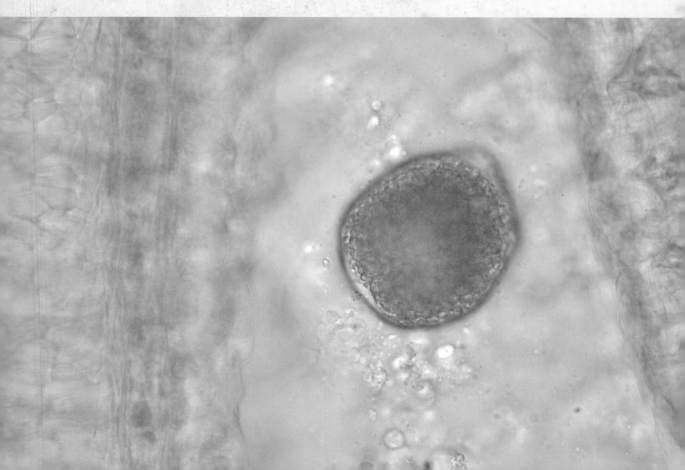

實驗室檢查

剪取病魚鰓絲組織並刮取體表黏液後用光學顯微鏡低倍率檢查，可見許多卵圓形的寄生蟲附著於鰓絲上，由於蟲體形態與海水白點蟲類似，但海水白點蟲會行自旋運動，卵圓鞭毛蟲則無，可做為兩者鑑別診斷之依據。

處置

建議養殖戶依「水產動物用藥品使用規範」使用合法之殺蟲劑進行藥浴，並遵守對於該魚種的準則，且魚隻狀況及停藥期都要監測，需由獸醫師輔導使用。當蟲體從魚隻體表及鰓絲脫落時，可藉由換流水從養殖池中排除掉。蟲害過後可投予抗生素治療體表受損導致的繼發性細菌感染。

◀ 鰓絲濕壓片可見卵圓鞭毛蟲（200 倍）

海水白點蟲感染症
Cryptocaryonosis

病原

海水白點蟲（*Cryptocaryon irritans*）屬於纖毛蟲門（Ciliophora）、前口綱（Prostomatea）、前管蟲目（Prorodontida）、裸口蟲科（Holophryidae）及白點蟲屬（*Cryptocaryon*），於嚴重感染病例用肉眼可見魚隻鰓絲及體表佈滿針點狀白點，故此得名。該蟲生活史可分為攝食期（feeding stage）、繁殖期（reproduction stage）及感染期（infection stage）。海水白點蟲之掠食體（theronts）在水中找尋宿主，當附著魚體後侵入體表及鰓絲等處進入攝食期，之後成長為卵圓形並具有四個核的營養體。侵入魚體 4 至 5 天後，營養體會離開魚體進入繁殖期而形成前孢囊體（protomonts），於環境中尋找合適的地點後逐漸成為表面硬化的孢囊體。一顆孢囊體經多次分裂可形成 200 至 300 隻仔蟲（tomites），待仔蟲成熟後釋放至水體中成為掠食體進入感染期重複生活史。由於該蟲增殖速度驚人，在嚴重感染病例可造成魚隻鰓絲充出血、結構破壞及黏液增生，導致魚隻滲透壓調節失衡、繼發性細菌感染或是血氧交換受阻致死。

好發時節

海水白點蟲感染症於高雄市較常發生於每年十月至次年三月前後，尤其以水溫急遽降低時最易發病，曾造成高雄市點帶石斑養殖產業大量損失。近年來因點帶石斑市場交易價不敷飼養成本，養殖戶陸續改飼養龍虎石斑，由於該魚種對海水白點蟲較具抵抗力，因此海水白點蟲病例數在高雄市呈現減少趨勢。

臨床症狀

魚隻可見攝餌量下降、浮頭呼吸、群聚於水車周圍或打氣幫浦旁、於養殖池岸邊浮游及磨擦體表。

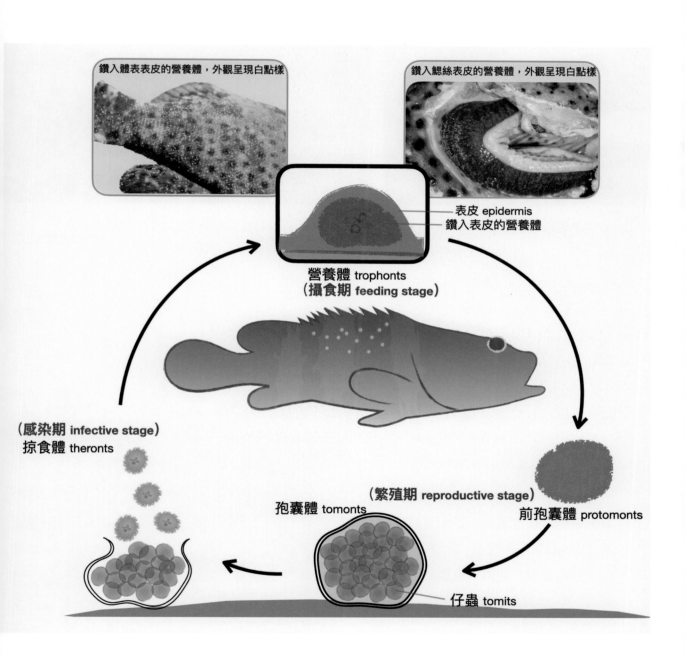

鑽入體表表皮的營養體，外觀呈現白點樣

鑽入鰓絲表皮的營養體，外觀呈現白點樣

表皮 epidermis
鑽入表皮的營養體

營養體 trophonts
（攝食期 feeding stage）

（感染期 infective stage）
掠食體 theronts

（繁殖期 reproductive stage）

孢囊體 tomonts

前孢囊體 protomonts

仔蟲 tomits

▲ 海水白點蟲生活史

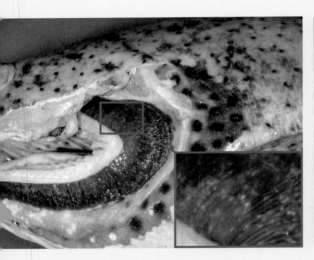

▲ 病魚鰓絲可見瀰漫性白點樣病灶

▲ 病魚體表可見瀰漫性白點樣病灶

肉眼病變

病魚鰓絲黏液增生、潮紅，體表黏液增生、潮紅及潰爛，於嚴重感染病例可見鰓絲及體表佈滿針點狀白點。

組織病理學檢查

於鰓絲或皮下組織可見型態呈現卵圓形且具有長條狀核之蟲體，其附著處周圍的鰓絲上皮細胞可見增生、腫脹、出血及壞死，於嚴重感染病例可見鰓絲次級鰓薄板融合病灶。

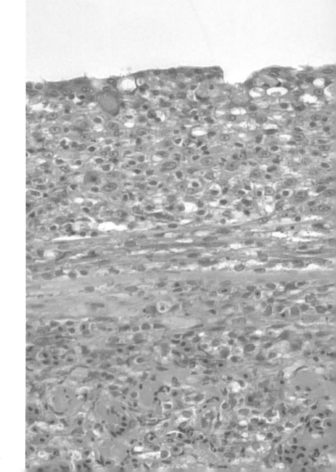

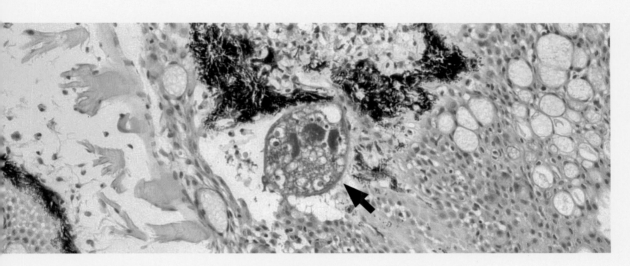

▲ 組織病理學檢查可見海水白點蟲侵入體表組織（H&E 染色，100 倍）

▼ 組織病理學檢查於鰓絲可見海水白點蟲，
　另可見鰓絲上皮細胞增生、腫脹、出血
　及壞死（H&E 染色，100 倍）

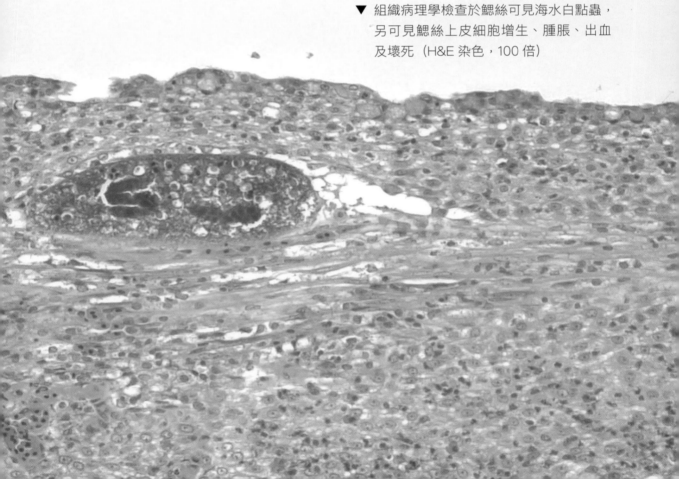

實驗室檢查

剪取病魚鰓絲組織並刮取體表黏液後用光學顯微鏡低倍率檢查，可見鰓絲邊緣有卵圓形的寄生蟲附著，且蟲體行自旋運動。

處置

建議養殖戶依「水產動物用藥品使用規範」使用合法之殺蟲劑進行藥浴，並遵守對於該魚種的準則，且魚隻狀況及停藥期都要監測，需由獸醫師輔導使用。當蟲體從魚隻體表及鰓絲脫落時，可藉由換流水從養殖池中排除掉。蟲害過後可投予抗生素治療體表受損導致的繼發性細菌感染。

▼ 鰓絲濕壓片可見海水白點蟲附著於鰓絲邊緣（100 倍）

海水魚蝨感染症
Sea Lice Infestation

病原

海水魚蝨感染症為海水魚蝨屬（*Caligus*）分類之下一系列的寄生蟲感染水生動物的疾病。該寄生蟲屬於節肢動物門（Arthropoda）、甲殼亞門（Crustacea）、六幼生綱（Hexanauplia）、管口水蚤目（Siphonostomatoida）、海水魚蝨科（Caligidae）及海水魚蝨屬，主要寄生在魚隻體表吸食組織液為生。其蟲體呈現半透明狀且具有體節，雌蟲體型較雄蟲大，於尾部具有一對長條狀卵囊。除了少部分品種外，生活史大致可分為5個時期，分別為2階段可於水體中自由游動的無節幼蟲期（nauplius stage）、1階段可於水體中自由游動的橈腳幼蟲期（copepodid stage）、4階段可附著於魚體身上的絲體期（chalimus stage）、1階段的前成蟲期（preadult stage）及成蟲期（adult stage）。在嚴重感染病例可導致魚隻皮膚損傷，繼發細菌性感染。

好發時節

魚蝨感染症於高雄市在三月時節進入春季後病例數開始增加，直至十月後平均水溫下降，病例數也逐漸減少。

臨床症狀

魚隻可見攝餌量下降、消瘦、躁動、於水面上跳躍、於養殖池岸邊浮游及磨擦體表。

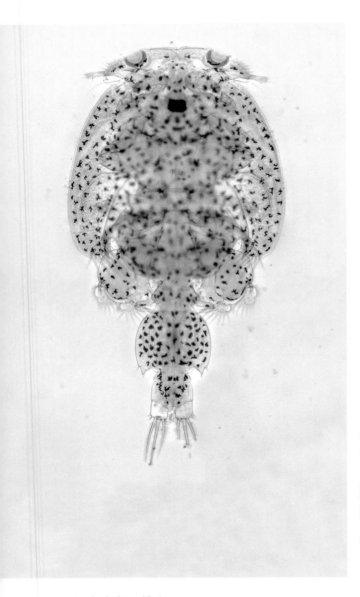

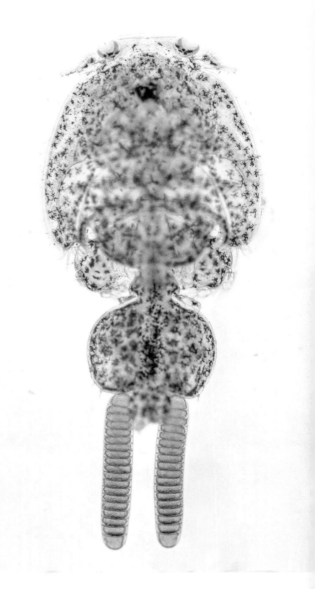

▲ 海水魚蝨雄蟲　　　　　　　　▲ 海水魚蝨雌蟲尾部具有一對長條狀卵囊

肉眼病變

病魚體表黏液增生、潮紅及潰爛，另可見 0.3 至 0.5 公分不等之半透明樣蟲體附著於體表上。

組織病理學檢查

魚蝨感染症可用肉眼或光學顯微鏡低倍率放大倍數逕行確診，無須執行組織病理學檢查。

▲ 病魚因蟲害磨擦體表造成損傷

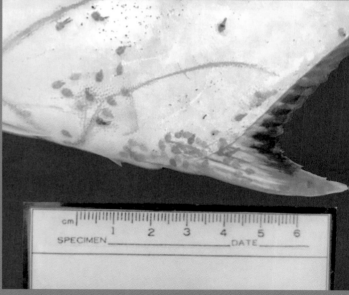

▲ 病魚體表可見魚蝨附著

▲ 病魚體表可見魚蝨附著

實驗室檢查

魚隻體表用肉眼可見 0.3 至 0.5 公分不等之半透明樣蟲體，也可使用蓋玻片刮取魚隻體表黏液後藉由光學顯微鏡低倍率放大倍數檢查，可見魚蝨蟲體。

處置

建議養殖戶依「水產動物用藥品使用規範」使用合法之殺蟲劑進行藥浴，並遵守對於該魚種的準則，且魚隻狀況及停藥期都要監測，需由獸醫師輔導使用。當蟲體從魚隻體表及鰓絲脫落時，可藉由換流水從養殖池中排除掉。蟲害過後可投予抗生素治療體表受損導致的繼發性細菌感染。

魚蛭感染症
Leeches Infestation

病原

魚蛭感染症為魚蛭屬（*Piscicola*）分類之下一系列的寄生蟲感染水生動物所造成的疾病。該寄生蟲屬於環節動物門（Annelida）、環帶綱（Clitellata）、蛭亞綱（Hirudinea）、吻蛭目（Rhynchobdellida）、魚蛭科（Piscicolidae）及魚蛭屬，主要寄生在魚隻體表。該蟲為深褐色具有環節狀之細長外觀，屬於雌雄同體、異體受精，蟲體前後各有吸盤，於前吸盤背面具二對黑色眼點，口器位於前吸盤腹面中央，可附著於魚隻體表吸食血液。當魚蛭大量寄生於鰓部及口腔時，可導致魚隻進食困難、鰓絲結構大量破壞及繼發細菌性感染。

好發時節

魚蛭感染症於高雄市在五月時節進入夏季後病例數開始增加，直至十月後平均水溫下降，病例數也逐漸減少。

臨床症狀

魚隻可見攝餌量下降、消瘦、躁動、於水面上跳躍、於養殖池岸邊浮游及磨擦體表。

肉眼病變

病魚體表黏液增生、潮紅及潰爛，另可見長度不等之深褐色細長狀蟲體附著於體表上。

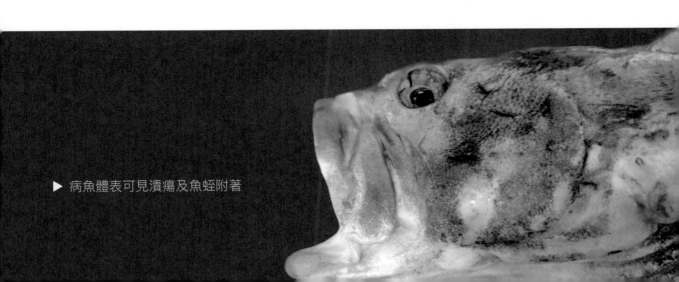

▶ 病魚體表可見潰瘍及魚蛭附著

▲ 病魚體表可見魚蛭附著

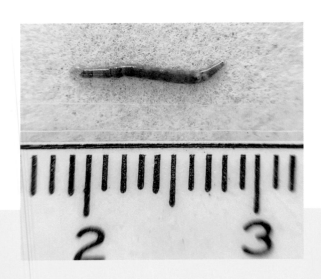

◀ 魚蛭可用肉眼辨別

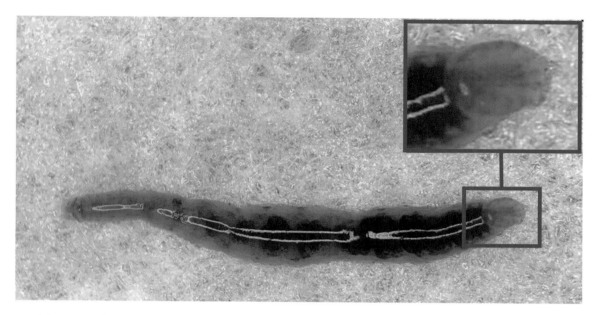

▲ 魚蛭可見吸盤樣口器

組織病理學檢查

魚蛭感染症可用肉眼或光學顯微鏡低倍率放大倍數逕行確診，無須執行組織病理學檢查。

實驗室檢查

魚隻體表用肉眼可見長度不等之深褐色細長狀蟲體，也可使用蓋玻片刮取魚隻體表黏液後藉由光學顯微鏡低倍率放大倍數檢查，可見魚蛭蟲體。

處置

建議養殖戶依「水產動物用藥品使用規範」使用合法之殺蟲劑進行藥浴，並遵守對於該魚種的準則，且魚隻狀況及停藥期都要監測，需由獸醫師輔導使用。當蟲體從魚隻體表及鰓絲脫落時，可藉由換流水從養殖池中排除掉。蟲害過後可投予抗生素治療體表受損導致的繼發性細菌感染。

第三章

水產養殖病害
防治要點

3-1 魚體健康管理

良好的魚體健康管理能有效降低疾病發生的風險，增進育成率，也能落實疾病早期發現、正確診斷及精準治療的原則。

魚苗購入階段

養殖戶宜由信譽良好的供應商購入魚苗，購入注意事項如下，並可使用表單進行記錄（可使用本書 128 頁紀錄表），供養殖場工作人員管理參考。

1. 魚隻行為及外觀觀察
   活動力是否良好、泳姿是否異常、大小是否整齊、外觀是否異常（體色、創傷、畸形及有無外寄生蟲等）。

2. 病原篩檢
   養殖戶可針對自身養殖魚種好發之潛在病原進行篩檢，可使用市售商業化快篩試劑或前往提供相關服務之機構進行檢測。

3. 進場魚隻檢疫
   新購入魚隻宜隔離飼養至少 2 個星期，期間觀察魚隻行為及外觀狀況，發現異常需盡快將魚隻送至相關檢驗機構以釐清病因。

魚隻飼養階段

魚隻飼養階段需保持合理放養密度，每日需觀察魚隻狀況並詳實記錄，相關注意事項如下。

▼ 龍虎石斑魚苗可見體色變深及皮膚潰瘍

▼ 下方魚隻體色較深且消瘦，肝臟因營養不良萎縮

1. 魚隻行為及外觀觀察

   活動力是否良好、攝餌時間是否延長、攝餌率是否下降或不攝餌、泳姿是否異常、是否於岸邊浮游或群聚於水車周圍、外觀是否異常（體色、創傷、畸形、消瘦及有無外寄生蟲等）。

2. 水質監測

   水質好壞與魚隻健康息息相關，應每日監測水質參數，包含鹽度、總氨、亞硝酸鹽、酸鹼值、溶氧及溫度等，相關數值及處置事項可參閱「水質管理」章節。

3. 魚隻死亡處置

   當養殖場發生魚隻死亡狀況時，需詳實記錄臨床症狀、死亡發生時間、死亡隻數、持續時間及任何有助於釐清死因之線索等（可使用本書 129 頁紀錄表）。在處置上除了盡速撈除死魚避免成為傳染窩孳生病原外，也可降低投餌量或停止投餌，並採集異常魚隻（以瀕死魚檢體為佳、剛死亡不久魚隻其次）、養殖池水及對釐清死因有幫助之樣本，送至相關檢驗機構進行診斷，以利後續治療及擬定防疫策略。

▲ 發現魚隻異常死亡需盡速送檢釐清病因

高雄市政府所屬魚病檢驗機關

高雄市政府所屬魚病檢驗機關	地址	電話
高雄市動物保護處鳳山辦公室	高雄市鳳山區忠義街 166 號	(07) 746–2368
高雄市動物保護處附設永安魚病檢驗站	高雄市永安區新興路 124 號	(07) 691–5512
高雄市動物保護處附設林園魚病檢驗站	高雄市林園區占岸路 1–2 號	(07) 641–4631

魚隻搬運階段

魚隻搬運泛指魚隻飼養期間進行場內換池及漁獲收成運輸（可使用本書 130 頁紀錄表）。良好的搬運過程可有效降低魚隻緊迫，提高生存率，相關注意事項如下。

1. 魚隻場內換池

   魚隻在換池作業前 1 至 2 天可降低投餌量或停止投餌，能有效減少搬運緊迫。搬運器具應事先妥善消毒，並由具經驗之場內工作人員於日間溶氧較充足時段進行操作，換池作業中避免一次搬運過多魚隻，可有效降低魚隻互相摩擦所導致的體表受損。

2. 漁獲收成運輸

   前來養殖場進行採收的撈捕網工、設備及車輛，宜遵守養殖場防疫管理進行消毒，可有效降低外界病原進入場內的風險，相關處置事項可參閱「養殖場防疫管理」章節。魚隻經採收作業後因緊迫及體表受損有較高的風險繼發細菌性感染，如養殖池內漁獲非一次性全盤採收，於短時間內需多加留意養殖池內剩餘魚隻健康狀況。

3-2 養殖場防疫管理

養殖場之於養殖戶,猶如每天一定會使用到的碗筷,是重要的吃飯工具。養殖場如果未經妥善管理,容易發生傳染病。本小節將針對養殖場常見裝備器具、水源管線、人員車輛進出、養殖場常見生物管理及養殖池整地等事項進行防疫管理。

裝備器具

養殖場常見裝備器具如青蛙裝、雨鞋、漁網、撈網及箱桶等,建議每個場區皆備有上述獨立裝備器具,不宜共用,可有效降低傳染病於不同場區傳播的風險。若需共用裝備器具,於使用後應妥善清潔消毒,才能至下一場區作業。如場區內有疫情發生,需調整作業流程,先從健康場區開始作業,最後才處理罹病場區。

▼ 使用過之器具需清潔消毒

水源管線

養殖池之水源管線需檢查是否有破損或阻塞，同時評估水源是否
會受到外界汙染的可能，避免成為病原入侵的破口。另水源管線
進出口處可設置遮網，防止外來生物入侵及養殖池內魚隻逃逸。
如為室內養殖池，則可規劃蓄水池進行水體淨化及監測，再做為
養殖用水。

▲ 排水口裝設遮網

▲ 進水口裝設遮網

人員車輛進出

養殖場需嚴格控管人員車輛進出，否則容易將外界的病原攜帶進養殖場，導致疫情爆發。養殖場入口處可設置警示標語，嚴禁非養殖場工作人員進入。於人員控管部分，可於養殖場入口處設置足靴消毒設施，以地墊浸溼消毒水讓進出人員確實踩踏，並執行手部消毒。車輛進出時可使用消毒水噴灑設備進行清潔。

▲ 養殖場入口處可設置門禁告示　　▲ 養殖池入口處設置消毒踏墊

養殖場常見生物管理

養殖場常見生物如鳥類（白鷺鷥、夜鷺）、哺乳動物（犬、貓、老鼠）及節肢動物（蟑螂、海蟑螂）等，上述動物可直接或間接造成魚隻緊迫增加死亡率外，也可能攜帶病原進入養殖池導致傳染病爆發。在管理作為上，於動物出沒路徑可架設威嚇或圍籬設備、清除養殖池周圍雜草或遮蔽物以減少動物躲藏機會、加強人員於養殖場巡邏頻率及妥善儲存藥品及飼料避免蟲類及老鼠汙染（可參閱水產動物用藥品之使用與儲存管理）。由於生物會適應環境，因此管理作為需依現場狀況時常修正，以達較佳管理效果。

▲ 岸邊設置防鳥網

▼ 白鷺鷥群聚魚塭旁

▲ 養殖池使用一段時間需進行整地，底污凹洞常見於石斑魚、吳郭魚等底棲性魚種養殖池

養殖池整地

養殖池於魚隻飼養過程中會產生底污沉積，底污主要由魚隻屍體、魚隻排泄物、魚隻未食用的殘餘飼料及養殖池雜物累積而成。由於底污中含有大量的氨、亞硝酸鹽及酸性物質，為水質惡化的主要原因之一，也容易孳生病原。因此養殖池使用一段時間後，就必需進行整地工作，建議步驟如下：

1. 將養殖池水放空，挖除底污，並將底土曝曬至表層龜裂。

2. 依養殖池面積均勻潑灑適量生石灰，建議一分地可使用 100 至 150 公斤的量，後注水掩蓋表層並進行翻土作業，讓底土與生石灰充分混和均勻，以達到殺滅微生物及中和酸性土壤。

3. 翻土整地後，可再潑灑適量之合格消毒劑，後注水掩蓋表層，經曝曬數日後便可引入水源為下一次養殖工作做準備。

▲ 整地需先挖除底污，再曬至龜裂

▲ 依養殖池面積均勻潑灑適量生石灰，後注水掩蓋表層並進行翻土作業

3-3 水質管理

水產動物需生存在水中,依靠水體完成呼吸、攝食、排泄、交配及運動等生理需求,因此水質好壞與否會直接影響水產動物健康狀態。當養殖池水質狀況不佳時,易導致水產動物緊迫造成免疫力下降,增加環境中病原感染風險。因此養殖戶宜每日監控水質參數並確實記錄(可使用本書 131 頁紀錄表)。包含鹽度、溫度、溶氧、總氨氮、亞硝酸鹽、硫化氫及酸鹼值,如發現異常需盡速處理,相關參考數值及注意事項如下。

鹽度

鹽度是指一公斤的水中所含鹽類的公克數,單位上以 g/kg、‰ 來表示,此外藉由測量水中導電度換算而來的實用鹽度單位(practical salinity unit, PSU)也可做為鹽度表達方式,一般海水鹽度為 35‰。早期養殖漁民普遍使用測量液體比重的波美鹽度計,其讀值為 0 至 5,因此養殖現場常以「度」跟「釐」來表達鹽度(1 度等於 10 釐),如海水為 3.5 度。水生動物可依適應性分為狹鹽性(stenohaline)及廣鹽性(euryhaline),狹鹽性常見於內陸、遠洋及深海動物,廣鹽性則常見於河口動物。大部分的水產動物屬於廣鹽性動物,但養殖戶宜配合自身養殖物種調整最佳飼養鹽度,可有效增進養殖效率。

▶ 冬天於迎風面架設攔風網可減緩水溫遽降

▶ 虱目魚因寒害
　導致大量死亡

溫度

水產動物屬於變溫動物，在合適的水溫範圍內，溫度愈高則代謝、耗氧量及成長速率也愈快，但也會產生較多的排泄物，易導致水質惡化。因此養殖戶於夏季高水溫時期，需多加注意水質狀況，另於冬季或寒流來襲的低水溫時期，除了可加高養殖池水深外，也可於迎風面架設防風網以減緩水溫劇烈驟降變化。

溶氧

溶氧是指溶於水中的分子態氧，單位上以 mg/L 或 ppm 來表示。養殖池溶氧來源包括大氣中的氧進入水中及藻類行光合作用所產生，並受到水溫、大氣壓力及養殖池中整體生物耗氧量所影響。一般而言，水溫增加、大氣壓力降低及過度放養皆易導致水中溶氧下降，而藻類繁殖旺盛的養殖池於夜晚至清晨時段溶氧則易偏低。由於水產動物的攝餌率及成長率與水中溶氧成正比，如溶氧降至 3mg/L 則攝餌率下降，降至 2mg/L 則停止攝餌且易導致缺氧死亡。養殖池溶氧宜保持於 5~7mg/L，除可使用各式水車及曝氣鼓風機等設備來調整養殖池均氧狀況外，保持合理放養密度、適當投餌量及維持良好藻相（水色）也能有效降低缺氧風險。

▲ 圓盤水車

▼ 陰天藻類行光合作用效率低落，需加強水車運轉增進養殖池均氧狀況

▲ 葉片水車

總氨氮

養殖池中總氨氮的組成為未解離氨
（NH$_3$）與解離氨（NH$_4^+$）的濃度總和，
其來源為水產動物排泄物、飼料殘餌及生
物屍體等蛋白質成分經微生物分解後形
成，並受到水溫及 pH 值影響，當兩者愈
高時，未解離氨的濃度也相對上升。未解
離氨對水產動物較具毒性，能穿透細胞膜
造成神經與黏膜組織受損、滲透壓調節失
衡及降低血氧交換功能等不良影響。養殖
池中的總氨氮含量以不高於 0.5mg/L 為
佳，可藉由換流水、投予沸石粉及維持適
當投餌量來控制。

亞硝酸鹽

養殖池中的氨氮可被微生物經硝化作用（nitrification）氧化成亞硝酸鹽（NO_2^-）及硝酸鹽（NO_3^-），但氧化成硝酸鹽的反應作用較慢，因此養殖池中較易累積亞硝酸鹽濃度。亞硝酸鹽對養殖魚類較具毒性，可經由鰓部吸收進入血液後將血紅素（hemoglobin）中的亞鐵離子氧化成鐵離子，產生變性血紅素血症（methemoglobinemia）而降低輸氧能力，嚴重時可導致養殖魚類缺氧死亡。由於蝦類使用血青素（hemocyanin）運輸氧氣，較不受亞硝酸鹽影響，因此蝦類比魚類有較高的容忍力。養殖池中的亞硝酸鹽含量以不高於 0.5mg/L 為佳，可藉由換流水、加強曝氣、投予沸石粉及維持適當投餌量來控制。

硫化氫

硫化氫為易溶於水、具有腐臭味的毒性氣體，主要來源有養殖池底的厭氧菌分解含硫有機物質，以及硫酸鹽還原菌（sulfate-reducing bacteria）將硫酸鹽行還原作用所形成。硫化氫受到水溫及 pH 值影響，當水溫愈高及 pH 值愈低時，硫化氫的濃度也相對上升。硫化氫可被水產動物體表及鰓部所吸收，能破壞血液中蛋白質結構，降低輸氧能力，嚴重時可導致水產動物缺氧死亡。養殖池中的硫化氫濃度以測不到為佳，在管理上可藉由加強養殖池底曝氣、適當換流水移除過多有機物及保持合理 pH 值來控制。

酸鹼值

酸鹼值可由 pH 值呈現，範圍介於 0 至 14，當 pH 值大於 7 呈現鹼性，小於 7 呈現酸性。養殖池 pH 值主要受到整體生物行呼吸作用所產生的二氧化碳濃度所影響，於日間時藻類行光合作用消耗二氧化碳使 pH 值上升，於夜間時光合作用停止，整體生物行呼吸作用產生二氧化碳使 pH 值下降，至清晨達到最低。此外，養殖過程中的排泄物、飼料殘餌及生物屍體，經微生物分解發酵後所產生的酸性物質皆可使 pH 值下降。一般養殖池合適的 pH 值範圍為 7.5 至 8.5，超過數值範圍易導致水產動物緊迫，在管理上可藉由適當換流水、避免藻類繁殖過盛、酌量投予水質穩定劑（如熟石灰）及定期挖除底汙進行整地等方式來調控。

水質參數	單位	範圍
鹽度	g/kg、‰	視養殖物種而定
溫度	°C	20~28
溶氧	mg/L、ppm	5~7
總氨氮	mg/L、ppm	0.5 以下
亞硝酸鹽	mg/L、ppm	0.5 以下
硫化氫	mg/L、ppm	0 為佳
酸鹼值 /pH 值		7.5~8.5

水體分層與處置

傳統室外養殖池由於水體量龐大，水深往往可達 1.5 公尺以上，使得表層水與底層水在溫度上產生落差，便會出現物理現象上的熱分層效應（thermal stratification）。此現象因表層水受陽光照射使得溫度升高而密度變低，相對底層水因溫度較低而密度變高，進而產生水體分層。該分層除了溫度不同外，連帶使水質參數乃至微生物族群皆有很大的差異。底層水由於無法接觸日照，藻類行光合作用產生氧氣的效率低落，加上底污中含有大量的氨、亞硝酸鹽、硫化氫及厭氧微生物等，導致水質惡化，連帶影響水產動物健康。有鑑於此，養殖期間除了保持合理放養密度及適當投餌量外，宜加強池底曝氣如使用圓盤水車或曝氣鼓風機，可有效緩解水體分層所帶來的不良影響。

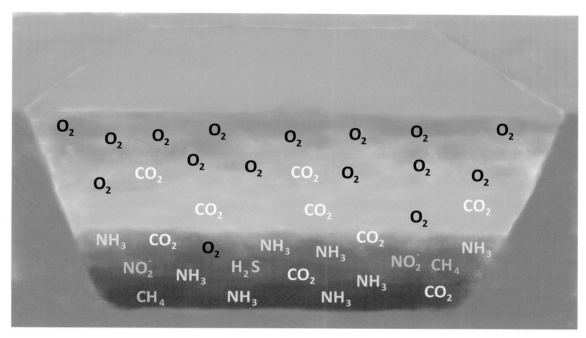

▲ 水體分層現象

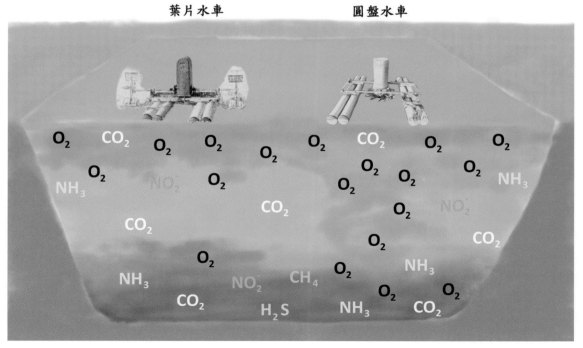

▲ 使用水車可改善水體分層現象

3-4 水產動物用藥品之使用與儲存管理

建立家庭醫師制度，正確使用合法有效藥品
養殖戶每日應觀察養殖池水及魚隻狀況。
除了定期監測水質外，魚隻如果出現攝餌
量下降、泳姿異常、靠岸浮游及死亡等狀
況，應先將魚隻檢體送交專業水產獸醫師
進行檢查以釐清病因，並使用合法水產動
物用藥品進行治療，藉此建立科學化的家
庭醫師制度。

藥品使用注意事項

1. 投藥前，應由獸醫師正確診斷疾病，
   再依處方使用合法水產動物用藥品進
   行治療。合法藥品標籤包含使用劑
   量、使用方法及停藥期等資訊，養殖
   戶使用前應詳讀標籤資訊並嚴格遵守
   相關規範。

2. 投藥前，需計算出正確劑量並選擇適
   當之投藥方式，如果對藥性不明瞭，
   宜進行小型測試後再全面使用。配置
   藥餌不宜使用金屬材質容器，避免藥
   物與金屬結合影響濃度，另藥物及餌
   料務必混合均勻及吸附完全後再使用。

3. 投藥前，魚隻宜減料或停料一段時
   間，能有效減少緊迫並維持養殖池水
   質穩定。藥餌投予量，大約為原飼料
   投予量的 3/4 左右。

▼ 養殖戶可與獸醫師進行用藥討論

4. 投藥時，宜於日間進行，除了養殖池整體溶氧狀況較佳外，也易於觀察魚隻狀況。投予藥餌時，需撒佈均勻，盡量讓所有魚隻能夠食入；如使用化學藥劑進行藥浴治療，建議至少間隔一天再重複給藥，可降低藥劑對魚隻的刺激及緊迫。

5. 投藥期間，詳實記錄每日魚隻狀況及死亡量（可使用本書132頁紀錄表），如投藥一段時間病情未明顯改善，需考量治療無效的原因並與獸醫師進行討論，可參閱「傳染病介紹及處置－治療無效的原因」章節。

6. 當完成療程在魚隻出售前需遵守「水產動物用藥品使用規範」停藥期規定，養殖池水及藥罐容器皆需妥善處理，避免汙染環境。

藥品儲存注意事項

1. 藥品開封前需存放於潔淨、乾燥陰涼處，避免受熱、受潮。

2. 藥品開封後需保存於密閉容器內，能有效防止蟲類及老鼠汙染藥品，也能避免兒童或伴侶動物誤食，確保品質與使用安全。

3. 調配過之藥餌應於外袋上清楚標示添加藥物名稱、劑量、製造日期及保存期限等資訊，避免與不含藥品之飼料混淆。藥餌調配完成後應儘速使用完畢，另藥餌存放原則與上述水產動物用藥品相同。

▲ 水產動物用藥品可置於密封盒內妥善保存

▲ 水產動物用藥品不可隨意放置

3-5 飼料品質與儲存管理

飼料種類

根據魚隻飼養於不同階段的體型大小，飼料可分為魚苗使用的餌料生物（輪蟲、橈腳類及豐年蝦等）及育成魚使用的市售包裝飼料與生魚餌料，相關注意事項如下。

飼料品質注意事項

1. 餌料生物有攜帶病原感染魚苗的風險，宜由研究單位或具信譽的廠商引進無特定病原之餌料生物使用，如養殖戶要自行擴增培養該餌料生物，水質與環境需徹底消毒及配合無特定病原餌藻投餵。

2. 養殖戶需針對自家養殖魚種及體型大小，向具信譽的廠商購買合適之高品質飼料，避免使用來源及標示不清的飼料。（可使用本書 133 頁紀錄表）

3. 購入生魚餌料時，應選擇有提供冷凍或冷藏運輸的店家，避免運輸過程中生魚餌料變質腐敗。

4. 詳實記錄每次投餵時間、飼料供給量及魚隻攝餌狀況，進而了解魚隻整體健康狀況。（可使用本書 134 頁紀錄表）

飼料保存注意事項

1. 市售包裝飼料宜置於通風良好、無陽光直射、乾燥且清潔的環境保存，飼料儲備量以 1 至 2 週可使用完畢之量為主。

2. 飼料外袋需清楚標示飼料成分、製造日期及保存期限等資訊。拆封後如無法使用完畢，應保存於乾燥、清潔加蓋的飼料桶內，避免蟲類及老鼠汙染。

3. 餌料生物及生魚餌料可冷凍保存，食用前的退冰階段先使用大量乾淨清水沖洗，再覆蓋上一層遮蔽物等待退冰，避免蟲類及老鼠汙染。

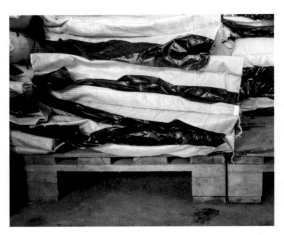

▲ 飼料可用棧板架高避免潮濕

▲ 生魚餌料解凍階段可先使用清水沖洗

▲ 生魚餌料解凍階段宜覆有
遮避物避免蟲鼠污染

▼ 生魚餌料解凍後需盡快餵飼完畢

參考資料

- 動物用藥品使用準則附件一水產動物用藥品使用規範 (2022.02.07)

- 高雄市 109 年漁業年報 (2021)。高雄市政府海洋局網站，

  https://orgws.kcg.gov.tw/001/KcgOrgUploadFiles/336/relfile/69735/139143/
  cf0c46c5-04ed-488d-9095-9a8d3ba23d19.pdf

- 馬丞佑等 (2019)。老虎石斑發光桿菌感染症。108 年度組織病理研討會專輯，85-
  88。

- 馬丞佑等 (2018)。點帶石斑海水白點蟲感染症。107 年度組織病理研討會專輯，102-
  105。

- 馬丞佑等 (2018)。金目鱸虹彩病毒感染症。107 年度組織病理研討會專輯，98-101。

- 馬丞佑等 (2018)。高雄市地區養殖魚類常見寄生蟲性疾病。動物衛生報導第 36 期，
  9-17。

- 馬丞佑等 (2018)。高雄市地區養殖金目鱸魚常見傳染性疾病。動物衛生報導第 35 期，
  14-22。

- 馬丞佑等 (2017)。龍膽石斑卵圓鞭毛蟲感染症。106 年度組織病理研討會專輯，87-
  90。

- 馬丞佑等 (2017)。2015 年高雄市地區養殖魚類鏈球菌感染症。動物衛生報導第 30 期，
  16-22。

- 馬丞佑等 (2016)。點帶石斑魚奴卡氏菌感染症。105 年度組織病理研討會專輯，
  101-103。

- 臺灣淡水養殖及原生魚介類圖說 (2015)。行政院農業委員會水產試驗所。

- 臺灣海水養殖魚介類圖說 (2014)。行政院農業委員會水產試驗所。

- 黃春蘭 (2003)。水質學。藝軒圖書出版社。

- 水生動物疾病診斷輔助系統。行政院農業委員會家畜衛生試驗所網站。

  https://aqua.nvri.gov.tw/default.aspx

- ShapawiR, Ching F. F., Senoo S, & Mustafa S. (2019). Nutrition, growth and resilience of tiger grouper (*Epinephelus fuscoguttatus*) × giant grouper (*Epinephelus lanceolatus*) hybrid– a review. Rev Aquac 11: 1285–1296.

- Noga, E. J. (2010). *Fish Disease: Diagnosis and Treatment,* John Wiley & Sons, Inc., New Jersey, U.S.

附錄

水產動物用藥品使用規範修正規定

動物用藥品使用準則第三條附件一 水產動物用藥品使用規範修正規定

一、品目：

　　（一）安默西林 Amoxicillin

　　（二）安比西林 Ampicillin

　　（三）脫氧羥四環黴素 Doxycycline

　　（四）紅黴素 Erythromycin

　　（五）丁香酚（Eugenol; 又名丁香油 Clove oil）

　　（六）氟甲磺氯黴素 Florfenicol

　　（七）氟滅菌 Flumequine

　　（八）北里黴素 Kitasamycin

　　（九）林可黴素 Lincomycin

　　（十）歐索林酸 Oxolinic acid

　　（十一）羥四環黴素 Oxytetracycline

　　（十二）史黴素 Spiramycin

　　（十三）磺胺二甲氧嘧啶 Sulfadimethoxine

　　（十四）磺胺一甲氧嘧啶 Sulfamonomethoxine

　　（十五）甲磺氯黴素 Thiamphenicol

　　（十六）三氯仿 Trichlorfon

　　（十七）三卡因甲磺酸（Tricaine methanesulfonate; MS-222）

二、本規範指定之對象水產動物如下：

　　（一）鰻形目：例如鰻魚、胸鱇等。

　　（二）鮭形目：例如鱒魚、香魚等。

　　（三）鼠鱚目：例如虱目魚等。

（四）鯉形目：例如草魚、鯉魚、鰱魚、青魚、鯽魚、泥鰍、鯝魚、鯁魚、紅鮊魚、石鮒等。

（五）鯰目：例如鯰魚、塘虱魚等。

（六）鱸形目：例如金目鱸、七星鱸、鱠、鱉魚、花身雞魚、海鱺、黃臘鰺、紅甘鰺、青甘鰺、銀紋笛鯛、花軟厚石鱸、包公魚、青嘴龍占、嘉鱲魚、黃錫鯛、黃鰭鯛、黑鯛、赤鯮、變身苦、金鐘、吳郭魚、烏魚、午仔、鸚哥魚、舌鰕虎魚、臭都魚、網紋臭都魚、鮪魚、白鯧、鱧魚等。

（七）鱘形目：例如鱘龍魚等。

（八）十足目：例如草蝦、白蝦、斑節蝦、淡水長臂大蝦等。

（九）龜鱉目：例如甲魚等。

（十）無尾目：例如牛蛙、虎皮蛙等。

三、本規範所指之投藥途徑，「經口」係將指定之藥品，添加、混和或浸潤於水產飼料中或以其他方式經口投藥。「藥浴」係將指定之藥品，添加於養殖池或容器內之水中，以浸泡投藥。

四、本規範所指之投藥劑量，經口投藥者均以魚之體重為單位，以藥浴投藥者均以水量（ppm）為單位。抗生素之劑量均以力價表示。

五、本規範所定動物用藥品品目，應依據獸醫師（佐）處方藥品販賣及使用管理辦法及本規範規定使用。但用於生理代謝特殊或飼養於特殊水溫、鹽度環境之水產動物，獸醫師（佐）應依專業調整其用法、用量及停藥期，以確保水產動物安全並避免藥品殘留未符規定。

本規範所定動物用藥品品目之使用對象、用途、用法、用量、停藥期及使用上應注意事項如下：

（一）安默西林 Amoxicillin

化學名：α-Amino-p-hydroxybenzylpenicillin

性狀：白色結晶或結晶性粉末，稍溶於水，難溶於丙酮、甲醇、乙醇或氯仿，幾乎不溶於苯。在酸性溶液中相當安定，故可經口投藥。本劑之理化性狀及藥理學特性，極近似安比西林。通常使用其三水合物（trihydrate）。

作用：屬於廣效性抗生素。對於革蘭陽性菌及革蘭陰性菌具有抗菌作用，魚病上主要使用於鏈球菌或發光桿菌感染之治療，本劑受配尼西林酶之作用分解而失效。

注意事項：1. 本劑不可連續使用七日以上。

　　　　　2. 使用本劑偶會發生局部作用。

　　　　　3. 使用 Amoxicillin trihydrate。

對象水產動物	投藥途徑	劑量或濃度及用法	用途	停藥期（日）
鰻形目	經口	40mg/kg/ 日，連續使用 3 ～ 5 日	治療對本劑具有感受性鏈球菌或發光桿菌之感染	5
鮭形目	經口	40mg/kg/ 日，連續使用 3 ～ 5 日	治療對本劑具有感受性鏈球菌或發光桿菌之感染	5
鱸形目	經口	40mg/kg/ 日，連續使用 3 ～ 5 日	治療對本劑具有感受性鏈球菌或發光桿菌之感染	5

（二）安比西林 Ampicillin

化學名：α-Aminobenzylpenicillin

性狀：白色乃至淡黃色結晶或結晶性粉末，稍溶於水，難溶於丙酮、甲醇、乙醇或氯仿，幾乎不溶於苯。在酸性溶液中相當安定，故可經口投藥。通常使用其三水合物。在水中不安定，故調配後立即投藥。

作用：屬於廣效性抗生素。對於革蘭陽性菌及革蘭陰性菌具有抗菌作用，魚病上多用於鏈球菌或巴士德桿菌感染之治療，本劑受配尼西林酶之作用分解而失效。

注意事項：1. 本劑不可連續使用七日以上。

　　　　　2. 使用本劑偶會發生局部作用。

　　　　　3. 使用 Ampicillin trihydrate。

對象水產動物	投藥途徑	劑量或濃度及用法	用途	停藥期（日）
鮭形目	經口	30mg/kg/ 日，連續使用 3 ～ 5 日	治療對本劑具有感受性鏈球菌或發光桿菌之感染	5
鱸形目	經口	30mg/kg/ 日，連續使用 3 ～ 5 日	治療對本劑具有感受性鏈球菌或發光桿菌之感染	5

（三）脫氧羥四環黴素 Doxycycline

化學名：α-6-Deoxy-5-hydroxytetracycline monohydrate

性狀：為黃色至暗黃色結晶性粉末，無臭帶苦味。通常使用鹽酸鹽，鹽酸鹽易溶於水、甲醇，難溶於丙酮，不溶於乙醚、氯仿。乾燥狀態相當安定，水溶液於酸性安定，鹼性較不安定。

作用：屬於廣效性抗生素。對於革蘭陽性菌、陰性菌、螺旋體屬、立克次氏體及大型病毒具有抗菌作用。魚病上主要用於鏈球菌感染之治療。

注意事項：1. 本劑不可連續使用七日以上。

　　　　　2. 使使用 Doxycycline hydrochloride。

對象水產動物	投藥途徑	劑量或濃度及用法	用途	停藥期（日）
鱸形目	經口	50mg/kg/ 日，連續使用 3 ～ 5 日	治療對本劑具有感受性鏈球菌或發光桿菌之感染	20

(四) 紅黴素 Erythromycin

化學名：Erythromycin A

性狀：為鹼性物質。白色至淡黃白色結晶、結晶性粉末或粉末，無臭帶苦味。難溶
　　　於水，易溶於酒精、丙酮、氯仿、乙醚等。畜牧獸醫及水產上除基質外，多
　　　用硫氰酸鹽（Thiocyanate）及乙基琥珀酸鹽（Ethylsuccinate）。

作用：屬於中廣效性抗生素。對於革蘭陽性菌、革蘭陰性球菌、黴漿體、鉤端螺旋體、
　　　立克次氏體及大型病毒具有抗菌作用。魚病上主要用於鏈球菌感染之治療。
　　　與其他巨環類抗生素之間有不完全的交叉抗藥性。

注意事項：1. 本劑不可連續使用七日以上。

　　　　　2. 使用 Erythromycin 或 Erythromycin thiocyanate。

對象水產動物	投藥途徑	劑量或濃度及用法	用途	停藥期（日）
鱸形目 （海鱺除外）	經口	50mg/kg/ 日，連續使用 3～5 日	治療對本劑具有感受性鏈球菌或發光桿菌之感染	30

(五) 丁香酚 Eugenol（又名丁香油 Clove oil）

化學名：1,3,4–Eugenol; 4–Allyl–2–methoxyphenol

性狀：無色至淡黃色微稠液體，具丁香氣味。

作用：鎮靜及麻醉。

注意事項：1. 魚浸泡後移回養殖水中。

　　　　　2. 鎮靜或麻醉程度常受魚之體重、水溫或水質的影響，應視實際情形在
　　　　　　 規定濃度範圍作適當調整。

　　　　　3. 藥浴期間應經常注意觀察魚體狀況，如有麻醉過深情況，應即迅速移
　　　　　　 回養殖水中。

對象水產動物	投藥途徑	劑量或濃度及用法	用途	停藥期（日）
鱸形目 （限石斑魚）	短時間浸泡	5–20 ppm	鎮靜及麻醉	7

（六）氟甲磺氯黴素 Florfenicol

化學名：2,2-dichloro-N-[(αS,βR)-α-(fluoromethyl)-β-hydroxy-P-
(methylsulfonyl)-phenethyl] acetamide

性狀：白色～淡黃色結晶性粉末或粉末，可溶於丙酮，稍溶於甲醇，不溶於水。

作用：屬於廣效性抗生素，對於革蘭陽性菌、革蘭陰性菌具有抗菌作用。魚病上主
要用於運動性產氣單胞菌、愛德華氏菌、鏈球菌或發光桿菌感染之治療。

注意事項：1. 本劑不可連續使用七日以上。

2. 使用 Florfenicol。

對象水產動物	投藥途徑	劑量或濃度及用法	用途	停藥期（日）
鰻形目	經口	10mg/kg/ 日，連續使用 3～5 日	治療對本劑具有感受性親水性產氣單胞菌群或螢光假單胞菌或愛德華氏菌或鰻敗血症假單胞菌之感染	7
鮭形目	經口	10mg/kg/ 日，連續使用 3～5 日	治療對本劑具有感受性弧菌或鮭屬產氣單胞菌或親水性產氣單胞菌群之感染	14
鱸形目	經口	10mg/kg/ 日，連續使用 3～5 日	治療對本劑具有感受性親水性產氣單胞菌群或螢光假單胞菌或愛德華氏菌或鏈球菌或發光桿菌之感染	15
鯉形目	經口	10mg/kg/ 日，連續使用 3～5 日	治療對本劑具有感受性親水性產氣單胞菌群或螢光假單胞菌或愛德華氏菌或弧菌之感染	5
鯰目	經口	10mg/kg/ 日，連續使用 3～5 日	治療對本劑具有感受性親水性產氣單胞菌群或螢光假單胞菌或愛德華氏菌或弧菌之感染	5
鱘形目	經口	10mg/kg/ 日，連續使用 3～5 日	治療對本劑具有感受性鏈球菌之感染	15

對象水產動物	投藥途徑	劑量或濃度及用法	用途	停藥期（日）
鼠鱚目	經口	10mg/kg/ 日，連續使用 3 ～ 5 日	治療對本劑具有感受性鰻利斯頓氏菌（Listonella anguillarum）之感染	15
龜鱉目	經口	10mg/kg/ 日，連續使用 3 ～ 5 日	治療對本劑具有感受性親水性產氣單胞菌群之感染	15

（七）氟滅菌 Flumequine

化學名：6,7–dihydro–9–fluoro–5–methyl–1–oxo (1H, 5H)–benzo (i, j) quinolizine
　　　　–2–carboxylic acid

性狀：白色微細結晶性粉末，無臭而帶有微苦，不溶於水，溶於氯仿及乙醇。

作用：對於革蘭陰性菌具有抗菌作用。魚病上主要用於發光桿菌、運動性產氣單胞菌、愛德華氏菌感染之治療。

注意事項：1. 本劑不可連續使用七日以上。

　　　　　2. 使用 Flumequine。

對象水產動物	投藥途徑	劑量或濃度及用法	用途	停藥期（日）
鱸形目	經口	20mg/kg/ 日，連續使用 3 ～ 5 日	治療對本劑具有感受性發光桿菌或親水性產氣單胞菌群或螢光假單胞菌或愛德華氏菌之感染	8
鰻形目	經口	20mg/kg/ 日，連續使用 3 ～ 5 日	治療對本劑具有感受性親水性產氣單胞菌群或螢光假單胞菌或愛德華氏菌之感染	20
龜鱉目	經口	20mg/kg/ 日，連續使用 5 日	治療對本劑具有感受性親水性產氣單胞菌之感染	32

（八）北里黴素 Kitasamycin

化學名：Kitasamycin

性狀：屬於巨環類抗生素，為鹼性白色乃至黃色、無臭、帶苦味結晶性粉末。通常
　　　使用基質或酒石酸鹽。基質易溶於甲醇、乙醇、丁醇、丙酮、氯仿、乙醚及苯，
　　　不溶於酸性水，微溶於水。酒石酸鹽易溶於水、乙醇、甲醇、丙酮，可溶於
　　　乙酸乙酯，微溶於氯仿、乙醚，難溶或不溶於石油醚、甲苯等。本劑相當安定。

作用：屬於中廣效性抗生素。對革蘭陽性菌、革蘭陰性球菌、鉤端螺旋體屬及黴漿
　　　體有抗菌作用，對革蘭陰性桿菌則無抗菌作用。與其他巨環類抗生素間有不
　　　完全交叉抗藥性。魚病上主要使用於鏈球菌之感染。

注意事項：1. 本劑不可連續使用七日以上。

　　　　　2. 使用 Kitasamycin。

對象水產動物	投藥途徑	劑量或濃度及用法	用途	停藥期（日）
鮭形目	經口	80mg/kg/ 日，連續使用 3 ～ 5 日	治療對本劑具有感受性鏈球菌之感染	20
鱸形目	經口	80mg/kg/ 日，連續使用 3 ～ 5 日	治療對本劑具有感受性鏈球菌之感染	20

（九）林可黴素 Lincomycin

化學名：Methyl 6,8–dideoxy–6 [[(1–methyl–4–propyl–2–pyrrolidinyl) carbonyl]
　　　　amino]–1–thio–d–erythro–α–d–galac–to–octopyranoside.

性狀：為鹽基性抗生素，通常以鹽酸鹽之一水合物供製劑用。鹽酸鹽為白色結晶性
　　　粉末，無臭帶苦味。易溶於水，可溶於甲醇及乙醇，微溶或不溶於低極性有
　　　機溶劑。乾燥狀態或水溶液均相當安定。

作用：屬於中廣效性抗生素。對革蘭陽性菌有抗菌作用，魚病上主要用於鏈球菌感
　　　染之治療。本劑與一部份巨環類抗生素間有不完全交叉抗藥性。

注意事項：1. 本劑不可與紅黴素同時使用。

　　　　　2. 本劑不可連續使用七日以上。

　　　　　3. 使用 Lincomycin hydrochloride。

對象水產動物	投藥途徑	劑量或濃度及用法	用途	停藥期（日）
鱸形目 （海鱺除外）	經口	40mg/kg/ 日，連續使用 3～5 日	治療對本劑具有感受性鏈球菌之感染	10

（十）歐索林酸 Oxolinic acid

化學名：5–Ethyl–5,8–dihydro–8–oxo–1,3–dioxolo [4,5–g] quinoline–7
–carboxylic acid

性狀：白色至帶白色柱狀結晶或結晶性粉末，無味，無臭。易溶於蟻酸，可溶於鹼性水，幾乎不溶於水及其他有機溶劑。

作用：對革蘭陰性菌有抗菌作用。魚病上主要用於運動性產氣單胞菌、愛德華氏菌、弧菌或發光桿菌感染之治療。

注意事項：1. 本劑不可連續使用七日以上。

2. 使用 Oxolinic acid 或 Sodium oxolinate monohydrate。

對象水產動物	投藥途徑	劑量或濃度及用法	用途	停藥期（日）
鰻形目	經口	20mg/kg/ 日，連續使用 3～5 日	治療對本劑具有感受性親水性產氣單胞菌群或螢光假單胞菌或鰻敗血症假單胞菌或愛德華氏菌之感染	25
	藥浴	5ppm，連續藥浴 3～5 日		
鮭形目 （限鱒魚）	經口	20mg/kg/ 日，連續使用 3～5 日	治療對本劑具有感受性弧菌、鮭屬產氣單胞菌、親水性產氣單胞菌群或螢光假單胞菌之感染	21
鱸形目	經口	20mg/kg/ 日，連續使用 3～5 日	治療對本劑具有感受性親水性產氣單胞菌群或螢光假單胞菌或弧菌之感染	14
	藥浴	10ppm，連續藥浴 3～5 日		
鼠鱔目	經口	20mg/kg/ 日，連續使用 3～5 日	治療對本劑具有感受性弧菌之感染	14

對象水產動物	投藥途徑	劑量或濃度及用法	用途	停藥期（日）
鯉形目	經口	30mg/kg/ 日，連續使用 3～5 日	治療對本劑具有感受性親水性產氣單胞菌群或螢光假單胞菌或愛德華氏菌之感染	16
鯰目	經口	30mg/kg/ 日，連續使用 3～5 日	治療對本劑具有感受性親水性產氣單胞菌群或螢光假單胞菌或愛德華氏菌之感染	16
鱸形目	經口	30mg/kg/ 日，連續使用 3～5 日	治療對本劑具有感受性親水性產氣單胞菌群或螢光假單胞菌或愛德華氏菌或發光桿菌之感染	16
十足目	經口	50mg/kg/ 日，連續使用 3～5 日	治療對本劑具有感受性親水性產氣單胞菌群或假單胞菌或弧菌之感染	30
無尾目	經口	30mg/kg/ 日，連續使用 3～5 日	治療對本劑具有感受性親水性產氣單胞菌群或螢光假單胞菌或弧菌或產黃色素菌屬之感染	16
龜鱉目	經口	30mg/kg/ 日，連續使用 3～5 日	治療對本劑具有感受性親水性產氣單胞菌群或螢光假單胞菌或弧菌之感染	16

（十一）羥四環黴素 Oxytetracycline

化學名：4–(dimethylamino)–1,4,4a,5,5a,6,11,12a–octahydro–3,5,6,10,12,12a–
　　　　hexahydroxy–6–methyl–1,11,dioxo–2–naphthacene carboxamide

性狀：為兩性物質，易與陽離子及陰離子結合形成鹽類。以鹽酸鹽，基質及鈣鹽供
　　　為製造製劑的原料。基質為金黃色結晶，易溶於酸及鹼，難溶於丙酮、乙醚、
　　　氯仿。鹽酸鹽亦為金黃色結晶、無臭、帶苦味，易溶於水、甲醇、乙醇、丙酮、
　　　丙二醇，可溶於丁醇，不溶於石油醚、乙醚及苯。易與金屬離子形成螯合物，
　　　影響腸道之吸收。魚病治療時通常使用鹽酸鹽。

作用：屬於廣效性抗生素。對於革蘭陽性菌、革蘭陰性菌、鈎端螺旋體屬、立克次
　　　體屬及大型病毒有抗菌作用。魚病上主要用於運動性產氣單胞菌、愛德華氏
　　　菌或弧菌感染之治療。本劑與其他四環黴素類抗生素間有完全交叉抗藥性。

注意事項：1. 本劑不可連續使用七日以上。
　　　　　2. 使用 Oxytetracycline hydrochloride 或 Oxytetracycline quarternary salt。

對象水產動物	投藥途徑	劑量或濃度及用法	用途	停藥期（日）
鰻形目	經口	50mg/kg/ 日，連續使用 3～5 日	治療對本劑具有感受性親水性產氣單胞菌群或螢光假單胞菌或愛德華氏菌之感染	30
鼠鱔目	經口	50mg/kg/ 日，連續使用 3～5 日	治療對本劑具有感受性弧菌之感染	30
鱸形目（吳郭魚、海鱺除外）	經口	50mg/kg/ 日，連續使用 3～5 日	治療對本劑具有感受性親水性產氣單胞菌群或螢光假單胞菌或弧菌之感染	30
鱸形目（限吳郭魚）	經口	50mg/kg/ 日，連續使用 3～5 日	治療對本劑具有感受性親水性產氣單胞菌群或螢光假單胞菌或愛德華氏菌或法蘭西斯樣菌（劑量加倍）之感染	20

對象水產動物	投藥途徑	劑量或濃度及用法	用途	停藥期（日）
鮭形目 （限鱒魚）	經口	50mg/kg/ 日，連續使用 3 ～ 5 日	治療對本劑具有感受性鮭屬產氣單胞菌或弧菌之感染	30
十足目	經口	50mg/kg/ 日，連續使用 3 ～ 5 日	治療對本劑具有感受性親水性產氣單胞菌群或假單胞菌或弧菌之感染	30
無尾目	經口	50mg/kg/ 日，連續使用 3 ～ 5 日	治療對本劑具有感受性親水性產氣單胞菌群或螢光假單胞菌之感染	30
龜鱉目	經口	50mg/kg/ 日，連續使用 3 ～ 5 日	治療對本劑具有感受性親水性產氣單胞菌群或螢光假單胞菌之感染	30

（十二）史黴素 Spiramycin

化學名：Spiramycin embonate

性狀：白色～淡黃色之結晶性粉末，味苦。極易溶於氯仿或甲醇，易溶於丙酮，難溶於水。

作用：屬於中廣效性抗生素。對於革蘭陽性菌具有抗菌性用，魚病上主要用於鏈球菌感染之治療。

注意事項：1. 本劑不可連續使用七日以上。

　　　　　2. 使用 Spiramycin embonate。

對象水產動物	投藥途徑	劑量或濃度及用法	用途	停藥期（日）
鱸形目 （海鱺除外）	經口	40mg/kg/ 日，連續使用 3 ～ 5 日	治療對本劑具有感受性鏈球菌之感染	30

（十三）磺胺二甲氧嘧啶 Sulfadimethoxine

化學名：N1–(2,6–Dimethoxy–4–pyrimidinyl) sulfanilamide

性狀：白色結晶性粉末，無臭。稍易溶於丙酮，難溶於甲醇、乙醇，極難溶於氯仿，幾乎不溶於水、乙醚、苯。溶於稀鹽酸、氫氧化鈉試液或氨試液。

作用：本劑對革蘭陽性菌及陰性菌有抗菌作用。屬於長效性磺胺劑。魚病上主要用於弧菌感染之治療。本劑與其他磺胺劑間有交叉抗藥性。

注意事項：1. 本劑不可連續使用七日以上。

　　　　　2. 使用 Sulfadimethoxine 或 Sulfadimethoxine sodium。

對象水產動物	投藥途徑	劑量或濃度及用法	用途	停藥期（日）
鮭形目 （限鱒魚）	經口	100mg/kg/ 日，連續使用 3 ～ 5 日	治療對本劑具有感受性弧菌之感染	30

（十四）磺胺一甲氧嘧啶 Sulfamonomethoxine

化學名：N1–(6–Methoxy–4–pyrimidinyl) sulfanilamide or sodium salt

性狀：白色至微黃色結晶，微粒或粉末，無臭。稍易溶於丙酮，難溶於乙醇，極難溶於乙醚或氯仿，幾乎不溶於水或苯。溶於稀鹽酸、氫氧化鈉試液或氨試液，遇光徐徐著色。藥浴時使用其鈉鹽。

作用：對革蘭陽性菌、革蘭陰性菌具有抗菌作用。魚病上主要用於運動性產氣單胞菌、愛德華氏菌或弧菌感染之治療。本劑與其他磺胺劑間有交叉抗藥性。本劑屬於長效性磺胺劑。

注意事項：1. 本劑不可連續使用七日以上。

　　　　　2. 使用 Sulfamonomethoxine 或 Sulfamonomethoxine sodium。

對象水產動物	投藥途徑	劑量或濃度及用法	用途	停藥期（日）
鰻形目	經口	第一日 200mg/kg，翌日起改為半量，連續投藥 3 ～ 5 日	治療對本劑具有感受性親水性產氣單胞菌群或螢光假單胞菌或愛德華氏菌之感染	30

對象水產動物	投藥途徑	劑量或濃度及用法	用途	停藥期（日）
鱸形目 （吳郭魚、海䲁除外）	經口	200mg/kg/ 日，連續使用 3 ～ 5 日	治療對本劑具有感受性弧菌之感染	30
鱸形目 （限吳郭魚）	經口	第一日 200mg/kg，翌日起改為半量，連續投藥 3 ～ 5 日	治療對本劑具有感受性親水性產氣單胞菌群或螢光假單胞菌或愛德華氏菌或弧菌之感染	15
鮭形目 （限鱒魚）	經口	150mg/kg/ 日，連續使用 3 ～ 5 日	治療對本劑具有感受性親水性產氣單胞菌群或螢光假單胞菌或弧菌之感染	30
	藥浴	在 1% 食鹽水加本劑 10ppm		15
鮭形目 （限香魚）	經口	200mg/kg/ 日，連續使用 3 ～ 5 日	治療對本劑具有感受性弧菌之感染	30
無尾目	經口	200mg/kg/ 日，連續使用 3 ～ 5 日	治療對本劑具有感受性親水性產氣單胞菌群或螢光假單胞菌或弧菌之感染	30
龜鱉目	經口	200mg/kg/ 日，連續使用 3 ～ 5 日	治療對本劑具有感受性親水性產氣單胞菌群或螢光假單胞菌或弧菌之感染	30

（十五）甲磺氯黴素 Thiamphenicol

化學名：D–threo–2,2–Dichloro–N–[β–hydroxy–α–(hydroxymethyl)
　　　–P–(methylsulfonyl)] phenethylacetamide

性狀：白色結晶性粉末，略有苦味，具有吸濕性，但對光及熱則相當安定。室
　　　溫在水中溶解度為 0.5 ～ 1.0 ％，甲醇為 5 ％，Dimethylformaldehyde 及

Propylene glycol 的溶解度較高。

作用：屬於廣效性抗生素，對於革蘭陽性菌、革蘭陰性菌具有抗菌作用。魚病上主要用於發光桿菌或弧菌感染之治療。

注意事項：1. 本劑不可連續使用七日以上。

　　　　　2. 使用 Thiamphenicol。

對象水產動物	投藥途徑	劑量或濃度及用法	用途	停藥期（日）
鱸形目 （吳郭魚、海鱺除外）	經口	50mg/kg/ 日，連續使用 3 ～ 5 日	治療對本劑具有感受性發光桿菌或弧菌之感染	15
鱸形目 （限吳郭魚）	經口	20mg/kg/ 日，連續使用 3 ～ 5 日	治療對本劑具有感受性發光桿菌或弧菌之感染	15

（十六）三氯仿 Trichlorfon

化學名：O,O–dimethyl–2,2,2–trichloro–1–hydroxyethyl phosphonate

性狀：白色結晶粉末，微有氣味，微溶於水、乙醚、氯仿及乙醇。

作用：低毒性廣效性殺蟲劑，魚病上主要用於體表或鰓之外寄生蟲。

注意事項：1. 有些魚種或個體對本劑具敏感性，宜從較低濃度開始使用。

　　　　　2. 使用 Trichlorfon。

對象水產動物	投藥途徑	劑量或濃度及用法	用途	停藥期（日）
鰻形目	藥浴	每次 0.2 ～ 0.5ppm，每週一次，連續投藥 4 週	殺滅對本劑具有感受性寄生體表或鰓之原蟲類、單殖吸蟲類、甲殼蟲類等外寄生蟲	5
鼠鱚目	藥浴	每次 0.2 ～ 0.5ppm，每週一次，連續投藥 4 週	殺滅對本劑具有感受性寄生體表或鰓之原蟲類、單殖吸蟲類、甲殼蟲類等外寄生蟲	5

對象水產動物	投藥途徑	劑量或濃度及用法	用途	停藥期（日）
鯉形目	藥浴	每次 0.2 ～ 0.5ppm，每週一次，連續投藥 4 週	殺滅對本劑具有感受性寄生體表或鰓之原蟲類、單殖吸蟲類、甲殼蟲類等外寄生蟲	5
鱸形目	藥浴	每次 0.2 ～ 0.5ppm，每週一次，連續投藥 4 週	殺滅對本劑具有感受性寄生體表或鰓之原蟲類、單殖吸蟲類、甲殼蟲類等外寄生蟲	5

（十七）三卡因甲磺酸（Tricaine methanesulfonate；MS–222）

化學名：3–Aminobenzontic acid ethyl ester

性狀：白色結晶或粉末，易溶於水，水溶液透明無色呈微酸性、耐高溫。

作用：鎮靜及麻醉。

注意事項：需注意其有光解性，藥效會隨水溫、水中酸鹼（pH）值、水之軟硬度和魚種有明顯不同。

對象水產動物	投藥途徑	劑量或濃度及用法	用途	停藥期（日）
鱸形目（限石斑魚）	藥浴	30ppm，4 小時	鎮靜及麻醉	5

各式表格

魚苗購入紀錄表

養殖池	日期	物種	供應商	大小（寸）	數量（隻）	元／隻	總價

魚隻異常狀況紀錄表

養殖池	日期	死魚（隻）	異常狀況描述	備註

魚隻搬運及漁獲紀錄表

養殖池	日期	物種	作業內容	價格（元／斤）	總收入	備註

水質檢測表

養殖池編號：_____

日期	時間	溫度 (℃)	pH	鹽度 (‰)	溶氧量 (mg/L)	總氨氮 (mg/L)	亞硝酸鹽 (mg/L)	備註
/	點　分							例如：水色、濁度…
/	點　分							
/	點　分							
/	點　分							
/	點　分							
/	點　分							
/	點　分							
/	點　分							
/	點　分							

用藥紀錄表　　養殖池編號：＿＿＿　面積：＿＿＿分

魚種：＿＿＿＿＿＿　放養量：＿＿＿尾

編號	日期	病因	藥物名稱	藥物劑量		水深（台尺）	備註
1				＿＿％　＿＿公克／飼料或肉料（總飼料	＿＿公斤）		
2				＿＿％　＿＿公克／飼料或肉料（總飼料	＿＿公斤）		
3				＿＿％　＿＿公克／飼料或肉料（總飼料	＿＿公斤）		
4				＿＿％　＿＿公克／飼料或肉料（總飼料	＿＿公斤）		
5				＿＿％　＿＿公克／飼料或肉料（總飼料	＿＿公斤）		
6				＿＿％　＿＿公克／飼料或肉料（總飼料	＿＿公斤）		
7				＿＿％　＿＿公克／飼料或肉料（總飼料	＿＿公斤）		

A= 細菌性；B= 病毒性；C= 寄生蟲；D= 水質不良；E= 其他
1= 安默西林 (Amoxicillin)；2= 氟甲磺氯黴素 (Florfenicol)；3= 氟滅菌 (Flumequine)；4= 歐索林酸 (Oxolinic acid)；5= 羥四環黴素 (Oxytetracycline)；6= 磺胺一甲氧嘧啶 (Sulfadimethoxine)；7= 磺胺二甲氧嘧啶 (Sulfamonomethoxine)；8= 北里黴素 (Kitasamycin)；9= 安比西林 (Ampicillin)；10= 三氯仿 (Trichlorfon)；11= 二氧化氯；12= 四級胺；13= 沸石粉；14= 活性碳；15= 其他

飼料進出紀錄表　　飼料 / 生魚餌料 ＿＿＿＿＿＿ / 餌料生物

魚種：＿＿＿＿＿＿＿＿

編號	進料日期	廠牌	單價（元）	飼料號數 1 2 3 4 5	公斤（件 / 包）	合計總價格（元）	備註
1	年　月　日						
2							
3							
4							
5							
6							
7							
8							
9							

＿＿＿＿＿＿＿＿＿ 養殖場餵飼紀錄表

星期	日期	料 1	料 2	天氣	
一				晴 / 雨 / 陰	°C
二				晴 / 雨 / 陰	°C
三				晴 / 雨 / 陰	°C
四				晴 / 雨 / 陰	°C
五				晴 / 雨 / 陰	°C
六				晴 / 雨 / 陰	°C
日				晴 / 雨 / 陰	°C
合計					

致 謝

（依姓氏筆畫排序）

林文惠　林琮峻
段奇漢　洪慶章
袁世禮　張清榮
陳正宏　陳幸宜
陳威智　陳致中
陳瑩蓮　郭明欽
葉坤松　覃事強
楊智麟　趙嘉本
蔡忠興　劉順雄
戴家翃　顏乃嘉

高雄市水產養殖傳染病防治

主　　編｜馬丞佑　王亮鈞
審　　閱｜徐榮彬

執行編輯｜李麗娟
美術排版｜黃士豪

國家圖書館出版品預行編目（CIP）資料

高雄市水產養殖傳染病防治 / 馬丞佑, 王亮鈞主編 . --
初版 . -- 高雄市 :-- 高雄復文圖書出版社 , 2022.08
　　面；　公分
　　ISBN 978-986-376-251-5(平裝)

　　1.CST: 魚產養殖 2.CST: 動物病理學 3.CST: 高雄市

438.51　　　　　　　　　　　　　　　111011554

指導單位｜高雄市動物保護處 國立中山大學漁業推廣委員會

出 版 者｜高雄復文圖書出版社

地　　址｜ 802019 高雄市苓雅區五福一路 57 號 2 樓之 2

電　　話｜ 07-2236780

傳　　真｜ 07-2233073

郵政劃撥｜ 41299514 高雄復文圖書出版社

臺北分公司｜ 100003 臺北市中正區重慶南路一段 57 號 10 樓之 12

電　　話｜ 02-29229075

傳　　真｜ 02-29220464

法律顧問｜林廷隆律師

電　　話｜ 02-29658212

ISBN 978-986-376-251-5（平裝）　　　　　　　　　　定價 520 元

初版一刷 2022 年 8 月